《非藥而癒》健康飲食實踐版

# 101道
## 低脂 美味
# 全蔬食

素愫——著

# 帶你走進五彩繽紛的蔬食世界

文／徐嘉博士

經常被問到：「徐嘉博士，到底應該怎麼吃？」於是我就把健康飲食關鍵要素的那張投影片發給他們，並解釋蔬果豆穀 1：1：1：1 和一些注意事項。可是過一會兒他們又回來問：「徐嘉博士，到底應該怎麼吃？」

這就難倒我了。一年 365 天中，大約有 300 天，我不是在巡講，就是在去巡講的路上，基本沒有什麼機會自己做飯吃，而在外面用餐時，只要能吃到純素的食物，就很感恩了。

這就是我為什麼覺得素憶這本書非常有意義的地方。本書從一個專業主婦、專業廚師和專業營養師的角度，給我們設計了百餘道簡單、便捷、美味、可執行、不重複的日常素食料理，而且又非常符合我們的「健康飲食基本原則」。

1 蔬、果、豆、全穀
2 盡量少油、無油烹飪，限制堅果
3 避免精製穀類和垃圾食品
4 高纖維、全食物
5 攝入足夠的熱量
  吃飽、多餐、健康零食
6 維生素 $B_{12}$、維生素 D、Omega-3 脂肪酸

**美國責任醫師協會推薦的健康飲食原則**

這本書的意義重大，因為它給一直還在觀望徘徊，還在不知所措，還在為下一頓吃什麼傷腦筋的人，一個非常明確、簡單、可操作的指導。細讀此書，大家不但可以迅速學會，還可以舉一反三，創造自己喜歡的食譜。

素憶的每一個食譜都是用愛心創作出來的。當沉浸在這本書的字裡行間時，你會自然地感受到，這個姑娘對素食的情愫，對生活的熱愛。

根據書裡的指南去選好食材，然後懷著喜悅動手製作，你會發現素食可以做得這麼好吃，這麼誘人，素食的路越走越寬，素食世界五彩繽紛。你會越來越對素食有信心，對自己有信心，對這個世界有信心，因為你會感受到，這個世界充滿了愛。

　　素愫是一個多才多藝的人，她在很多方面都能做得非常好，非常專業。她的食譜裡常常跟著一個個動人的小故事。有個小夥伴說：「素愫是被做菜耽誤了的段子手。（**編註**）」她就扔過來一句：「我正在思考，如何不被做菜耽誤了我的曠世才華。」

　　我覺得，關鍵在於我們的目標是什麼。如果我們的目標是推廣健康飲食，讓更多的人瞭解和執行這種新觀念，並收穫健康，那麼我們把最好的才藝奉獻到我們熱愛的事業上，就是值得的。

　　素食不是目的，愛才是。

　　徐嘉博士，美國責任醫師協會臨床營養學專家，美國約翰‧霍普金斯大學醫學院生理學博士，北京大學生物物理學學士，暢銷書《非藥而癒》作者。
　　自 2014 年起，健康公益巡講的足跡遍佈中國、香港、台灣、馬來西亞和美國等超過 150 個城市；舉辦公益講座近千場，10 餘萬名聽眾現場聆聽，影響數百萬人。

（編註）
段子原指相聲作品中的一節或一段內容，如今在中國被用來指在網路上流傳的搞笑文字、圖片或影音，而製作這些內容的人，就被稱為「段子手」。

# 植物性飲食，健康的最佳答案

文／黃聖傑

本書可說是《非藥而癒》的實踐示範。「預防醫學」已經成為關聯當代醫學與推廣蔬食的樞紐概念，過去我們不斷研發各種新藥，卻忽略了我們一天三餐所吃下的食物，才是許多疾病問題的源頭。「植物性飲食」是這些問題的回答，研究顯示，各種蔬果在面對惡劣環境時為了生存會分泌不同的「植化素」，這些天然的化學化質對人們同樣具有延緩老化、瘦身、抗癌、改善慢性病等功效。

人類的細胞是一個神祕的組織，醫學界迄今還在探究其中奧妙的結構與機制。許多提煉出來聲稱對人體有幫助的維生素或成分等，後來研究顯示，在降低某些疾病的同時，也提高了另一些疾病的機率。因為我們並不完全清楚，怎樣的比例才是對人體最適當的，以及是否需要搭配什麼服用，才能發揮最大功效，而不會有我們不想要的負面效果。而我想這片大地所生長出的水果蔬菜，是上天賜予我們最好的禮物，也早給出了答案。

在蔬食這個世界裡，許多人是基於健康、愛護動物、環保、宗教信仰等不同動機而素食，也有純素、蛋素、奶素、Vegan 等素食類型，大家彼此尊重，因為我們要致力把同伴最大化，即使是一般人願意少吃一餐肉，就少一個生命因我們受到傷害或宰殺。

如同徐嘉博士在《非藥而癒》書中引用許多醫學數據與研究報告所展示，全食物、全植性、少油少鹽的飲食方式，在改善與治癒疾病上具有正向的關聯性。並非個人臆測，更要落實在生活上，也不是一餐就立即見效，更不能討價還價。觀念需要練習，才能養成習慣，好的習慣，會改變你的命運。如果您想要一個健康的人生，便從當下做起。

此書提供很好的指引功能，讓想要學習植物性飲食烹飪卻不知道怎麼開始的人，有入手處。食材都是市場、超市等地方就能簡易取得，做法步驟簡單，附上照片讓人一看就懂，作者敘述簡潔有趣，讓人細細品味，更添畫龍點睛之妙，書極簡而意極深，若能領略此書料理的原則與訣竅，便能發揮個人創意，變化無窮，其中受用，如人飲水，冷暖自知。

　　全食物料理，剝去化學添加及過多調味，體會食材的「真」味；
　　全植物料理，不再需要傷害無辜的生命，領悟心中的良「善」；
　　低脂少加工，避免毒害恢復身體自癒力，明白人生的「美」好。

**本文作者為素食・美食網路社群創辦人**

# 遇見蔬食的幸福

文／素愫

「如果一件事不賺錢，你都做得歡天喜地，那你是真的熱愛它。」

我的好兄弟這麼對我說，當他看到我把大部分光陰都貢獻給了食譜的時候。

而他總是說，人這一生，應該找到自己真正熱愛的那件事，並聚焦在那個點上。

我原以為，所有人都和我一樣，吃素很簡單，想吃就吃嘛！原來並非如此。

有個相識多年的朋友，初見他時，是個開口說話都會臉紅的大男孩，跑到我的辦公室推銷保險，而我也居然傻傻地給他簽了一張單。原來所謂陌生人，只是上一秒，這一秒就不是了。

多年後，那個大男孩又出現在我面前時，已是小有成就的企業家，標準的老闆身材搭配高血壓，天天吃降壓藥。

我問：「你肝也不太好？」他說：「對，還要吃護肝的藥。」我又問：「你腎也不太好？」他說：「對，妳怎麼都知道？」

每天吃那麼多的藥，肝腎能好嗎？我說：「其實我比你富有。」他說：「我知道，我身上的零部件都沒妳的值錢。」

為了讓他肯聽我的話，我不惜自曝隱私，比如我多年前查出的膽結石，年年體檢都在，直到素食約一年後，膽結石不見了。這些都講給他聽，案例結合理論，他終於點頭：「我要開始吃素！」

於是在家裡的晚餐，從大魚大肉突然變成白粥青菜，這位哥竟然也堅持了兩三個月，其中還橫跨一個春節。可是白粥青菜能撐多久？

在我的惴惴不安中，終於迎來他反彈的消息：「我又開始吃肉了，今天吃了蛇肉。」

那一刻，是心痛和無助。

又一年，我回家鄉見到了闊別多年的舊友。巧的是，他也有多年的膽管結石，聽聞我膽結石自癒，特意邀我去茶館小坐。那時的我，已經對素食理解更為深刻，茶還未涼，對方已興致很濃，認真地問我：「我也決定吃素。快告訴我，吃什麼？」

一時語塞。腦子裡億萬個細胞飛速運轉，快到幾乎不假思索脫口而出：「我來做食譜。」他說：「好。」我又說：「我寫一本食譜的書。」他又說：「好，我一定支持妳。」然後，我就真的開始做食譜了。

而他支援我的方式就是，一年後我又見到他，關心他的膽結石狀況，他說：「這都是好些年前的事了，去年妳見我時就沒了。」

我逼他把所有的體檢報告找出來對質。發現身邊好多人，都是病好了就說，自己本來就沒病。我不是要你們總記著過去的痛，只是想你們的故事，能給更多的人帶來希望。

現在我越發相信，人一定要有夢想，因為它們通常都會實現，只要你不跟它對抗。

我說要寫一本食譜書，可是我並不太會做素菜，我一直也沒學會用相機，我更不認識哪位哥們在出版社，我甚至正在樂顛顛地嘗試全生食，已經有大半年不食人間煙火。

事實證明，當你真心想做一件事時，上天自然會賦予你所需要的才能。於是 2016 年初，開了公眾號「素憬的廚房」。素食本來就非主流，我的低脂全蔬食更加非主流，這不能用，那不能吃，食譜少人問津。即使有人問也是：「這菜不放油嗎？能吃嗎？」管它的，孤芳也是芳，自賞也是賞。只要方向對了，總會在某一天遇見幸福。

2017 年底，一直在全國作健康飲食公益巡講的徐嘉博士，開了公眾號「非藥而癒」。雖然早在 2015 年就與徐博士相識，種下了「低脂純素」的烹飪理念基礎，但公眾號更翔實的資料和內容，讓我得到健康飲食的各種理論支持。也慶幸自己一直堅守初心，避開了徐嘉博士所說的「假素」的坑。

　　假素包括：蛋奶素，鍋邊素，多油，重鹽，精製碳水化合物和糖，熱量補充不夠，少運動，少曬太陽，沒補充維生素 $B_{12}$ 等。

　　我終於不再是孤芳自賞的小仙女，在這裡我遇見了此生我見過的最單純、最溫暖、最有力量的一群人：徐嘉博士和後援團。我遇見了一個又一個讓我感動的故事，一次又一次淚流滿面。

　　看到無數的讀者分享改變飲食獲得健康的親身經歷，我想說：吃假素，就像站在可通往 80 層的觀光電梯裡，卻不伸手按樓層按鈕，一直待在地面，還以為 80 層的風景也不過如此。

　　我更加感受到，做菜，並不僅是做菜。一道健康的美味，也是一份可以幫助人自癒的力量，而我們每個人，都可以擁有和傳遞這份力量。

　　2018 年國慶日，朋友發來全家在外遊玩的照片。我問她：10 月 1 號，你能叫動誰為你工作？

　　她說：沒誰，除了我自己。

　　10 月 1 號，我竟然在催徐嘉博士為我的書寫推薦序，而博士就在萬裡素騎行的空隙當中，在小小的手機螢幕上，看我發去的密密麻麻的書稿。

　　真誠感恩所有幫助我的人。說菜太好吃了，給了我自信；出點子提意見，給了我靈感；告訴我吃素健康了，給了我喜悅；表白依然反對純素，給了我動力；365 天全年無休解答我各種奇葩問題的徐嘉博士和後援團，

給了我底氣（**編註**）。

　　還有被我拉來當試吃官的小娃，可這娃不論給他吃什麼，他都說「好吃」，根本不稱職。沒辦法，素食的娃娃，吃什麼都香。

　　但凡你有任何的才華，都是上天要借你之力，讓世界更美好。會吃，是不是最幸福的一種才華？

---

**編註**：底氣意指信心和力量。

# 目錄

四　推薦序　帶你走進五彩繽紛的蔬食世界　文／徐嘉博士

六　推薦序　植物性飲食，健康的最佳答案　文／黃聖傑

八　作者序　遇見蔬食的幸福　文／素愫

## 01 蒸

004　白玉丸子

006　清蒸秋葵

008　金針菇澆芋頭

010　粉蒸茄子豆角

012　茄汁花椰菜

014　不是蒸蛋

016　水墨· 胭脂

018　粉蒸卷心菜

020　老奶洋芋

022　金銀豆腐丸子

024　清蒸杏鮑菇

026　馬鈴薯和紅莧菜

028　粉蒸白蘿蔔絲

030　地瓜和地瓜葉

032　糖粉香芋

034　清蒸白蘿蔔

036　南瓜蒸雜蔬

038　一盤蒸菜

040　金汁竹笙卷

042　香甜藕夾

044　財源滾滾

046　金玉滿堂

048　雪花蓮藕羹

## 02 煮

052　金玉良緣

054　茄汁兒雙豆

056　板栗娃娃菜

058　椰汁香芋

060　花菇悶蘿蔔

062　咖哩雙花

064　金沙小花菇

066　燕麥濃湯豆苗

068　藜麥馬蹄丸子

070　大煮乾絲

072　上湯辣椒葉

074　薑汁豆渣

076　隨身迷你鍋

## 03 煎／炒

| | |
|---|---|
| 082 | 五色什錦蔬 |
| 084 | 孜然杏鮑菇 |
| 086 | 素喜丸子 |
| 088 | 竹笙燒茄子 |
| 090 | 三椒腐竹 |
| 092 | 蓮子炒蘆筍 |
| 094 | 極香馬鈴薯餅 |
| 096 | 絲瓜草菇白芸豆 |
| 098 | 素的小炒肉絲 |
| 100 | 豆腐碎碎念 |
| 102 | 小炒四季豆 |
| 104 | 紫蘇猴頭菇 |
| 106 | 瘋狂釀辣椒 |
| 108 | 酸甜藕碎 |

## 04 拌

| | |
|---|---|
| 112 | 中式蘆筍沙拉 |
| 114 | 花生伴豆芽 |
| 116 | 橙香麻醬菠菜 |
| 118 | 紫蘇拌鷹嘴豆皮 |
| 120 | 青蔥歲月 |

## 05 生食 半生食

| | |
|---|---|
| 124 | 彩色・生食・熱乾麵 |
| 126 | 芒果藜麥沙拉 |
| 128 | 麻醬味噌油麥菜 |
| 130 | 免煮酸辣麵 |
| 132 | 甜菜根捲 |
| 134 | 溫柔黃瓜沙拉 |
| 136 | 鮮果沙拉 |

## 06 湯

| | |
|---|---|
| 140 | 絲瓜番茄藜麥湯 |
| 142 | 茄汁小扁豆湯 |
| 144 | 裙帶菜豆腐味噌湯 |
| 146 | 冬瓜薏米茶樹菇湯 |
| 148 | 極鮮海帶玉米湯 |
| 150 | 霸王花素鮮湯 |
| 152 | 蓮藕花生湯 |
| 154 | 花芸豆菜乾湯 |
| 156 | 金湯枸杞葉 |
| 158 | 三鮮素湯 |
| 160 | 蓮藕眉豆湯 |
| 162 | 番茄馬鈴薯味噌湯 |

164　清純萵筍湯

166　腐竹櫛瓜湯

168　翡翠白玉黃金湯

07
五穀
雜糧

172　鳳梨紅豆糙米飯

174　繽紛藜麥碗

176　果味奶香燕麥粥

178　醜小粽

180　多彩小米粥

182　無米黃金粥

184　山藥紫米粥

186　椰棗蓮子飯

188　蒟麵蔬菜球

190　素餃子&無麩質燒賣

08
無糖甜品
點心

196　山藥椰棗糕

198　梨汁銀耳羹

200　蓮子百合芒果羹

202　香甜三色藜麥

204　栗子月餅

206　南瓜百合羹

208　桂圓核桃湯

210　紫米甜酒釀

214　芒果紫薯釀苦瓜

216　黑珍珠丸子

218　濃情蜜意白芸豆

220　紫米戀歌

222　踏雪尋梅

224　愛你 100 分・小糖果

226　作者 & 讀者故事

# 關於素食與治病

朋　　友：愫小仙兒，妳的食譜能不能按調理疾病的功能分類？

素　　愫：不能。不是哪個菜把病吃好的，是不再吃那些傷害自己的
　　　　　東西，我們的自癒力才能發揮作用。

徐嘉博士：對。沒有功能性食物，不吃肉、蛋、奶、油、糖就是功能
　　　　　性食物。

朋　　友：低脂全蔬食（註）適合所有的人嗎？

素　　愫：對。不同身體狀況會有側重不同，讀《非藥而癒》，有答案。

---

（註）全蔬食：即全食物蔬食（Whole Foods Plant Based），指完整的、未精製加工的植物性食物。

01 蒸

水墨 ·

蒸菜的套路

其實很深很深

寥寥幾筆

演繹出風情萬種

# 白玉丸子

素愫小廚剛開始做食譜時，自立了以下的規矩：

1. 無動物；2. 無五辛；3. 無加糖；4. 無白米、白麵；

5. 無油炸；6. 無油或少油；7. 無添加；8. 烹飪簡單。

中心思想：低脂，全蔬食，極簡風。

做到現在的一百多道菜，最幸福的是，看到自己不忘初心。

沒人能抗拒的蒸丸子，做法極簡，味道極鮮。

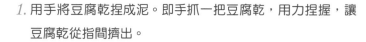

食材

主角：豆腐乾（薄片，很乾的那種）、
　　　杏鮑菇。

客串：鹽。

看圖做菜

1. 用手將豆腐乾捏成泥。即手抓一把豆腐乾，用力捏握，讓
豆腐乾從指間擠出。

懶得花力氣，可以用機器攪拌成泥，更細膩，黏度高，很容易搓
成漂亮光滑的丸子，但可能不如手捏的好吃，不夠鬆軟，也不易
吸取菇的鮮味。我為什麼知道？因為我也曾懶過（圖中是用手
持攪拌棒打的）。

2. 將杏鮑菇切成小小粒，倒入豆腐泥中。菇的分量，大約占
四成，太少沒味，太多丸子不好搓，因為黏度全靠豆腐。

3. 撒上適量鹽，將豆腐、菇、鹽拌勻，可用手適當抓捏至均勻。

4. 做成圓球，放入碗或盤中（只選八個上鏡，總共有二十幾
個呢）。蒸鍋水燒開後，放入丸子蒸十來分鐘（蒸的時間
自由把握），蒸到丸子足夠鬆軟即可。

5. 遇到丸子有點變形或裂開的情況，不要介意，好吃就行了。
趁著熱氣小心咬一口下去，菇香和豆香早已融合一體，一
轉眼，七八個丸子下肚了。還可以把丸子放進其他的湯裡，
搭配出豐富的美味。

# 清蒸秋葵

朋友送來一大束花，每種花都美豔無比，但整束卻令我有種沉重感，大概是因為品種太多。其實兩三種就好，甚至單一品種，也別有一番風情。

美食亦如此，一道菜裡的食材種類，並非越多越好。

每種食物需要體內不同的酵素去消化，一餐內吃得單一些，身體會更輕鬆。

如果需要多樣的營養，下一餐再吃無妨。

越簡單，越幸福。

此菜極簡，也極受歡迎。

---

食材

主角：秋葵、金針菇。

客串：鹽、黑胡椒（可選）。

---

看圖做菜

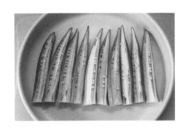

*1.* 秋葵切去根部，縱向剖開，放盤裡。我娃說像龍舟，
果然是剛過端午節。

*2.* 金針菇切去根部，撕開放在秋葵上。用手均勻捻少許
鹽在上面。蒸鍋水燒開後，放入蒸 5 分鐘左右。

*3.* 出鍋後依個人喜好磨些黑胡椒。一盤通常不夠吃，用
雙層蒸鍋一次蒸兩盤。

# 金針菇澆芋頭

想起某天，面對一盤超級醜的食物，鬱悶之餘胡亂寫了幾句：

我是一個單純而美好的人，當遭遇醜陋的時候，竟然猝不及防。

從今往後，

如果遇見醜陋，我要用更多的美好，來補償我。

如果遇見欺騙，我要用加倍的真誠，來補償我。

如果遇見了恨，我要用滿滿的愛，來補償我。

如果遇見缺憾，我要用當下的圓滿，來補償我。

如果遇見錯過，我要用今天的珍惜，來補償我。

如果遇見愛和同頻，這是上天對我的補償。

醜醜的小芋頭，也可以這麼美。

### 食材

主角：小芋頭、金針菇、紅椒。

客串：油、鹽、有機醬油、有機陳醋。

### 看圖做菜

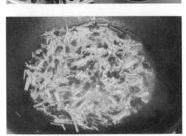

*1.* 芋頭洗淨，整顆連皮蒸熟，到能用筷子插進去即可，約需 20 多分鐘。或者用壓力鍋，會快一些。

*2.* 芋頭熟後去皮切塊，放進一個小飯碗。

*3.* 用一個大碗蓋住小飯碗，然後反轉過來。

*4.* 金針菇切去根部，切成小段。紅椒去蒂、去籽，切成小粒。

*5.* 鍋裡燒熱少許油（也可不用油），將紅椒和金針菇倒入，翻炒至菇變軟後，依次加入少量開水、鹽、醬油、陳醋，攪勻煮開後關火。
金針菇炒後有黏性，湯也有些像芡汁的感覺。

*6.* 把芋頭上的小碗取走，澆上金針菇湯。醜醜的芋頭，華麗出場啦。

# 粉蒸茄子豆角

　　茄子說，也許我會愛上豆角，但絕不會愛上油，他就是個超級大電燈泡。

　　你們總喜歡講我能降血脂，能保護血管……然後一鍋油下去，還怎麼降血脂？我哭笑不得。

　　這裡有不用一滴油的茄子豆角，吃上癮別怪我。

其實這裡有 3 道菜，一鍋做了，每款食材都可以單獨成菜。

---

## 食材

主角：茄子、豆角（編註）、茶樹菇、
　　　紅辣椒。

客串：小米粉（或糙米粉／玉米粉）、
　　　鹽、有機醬油。

---

## 看圖做菜

*1.* 紅辣椒切小塊，泡在有機醬油裡，約半小時或更久。
　按自己喜歡的辣的程度，選擇不同的辣椒。這個菜加點辣吃
　得更過癮，不吃辣就省去此步。

*2.* 茄子切成長條，豆角、茶樹菇摘成長段。

*3.* 小米粉加入適量鹽拌勻，用鹽量比平時粉蒸略少一些，
　　因為後面要加醬油。將粉與菜拌勻。

*4.* 把醬油辣椒與菜拌勻。

*5.* 蒸鍋裡水燒開後，墊上一層荷葉或蒸布，將食材放上蒸
　　熟，需七八分鐘，品嘗豆角熟了就可以啦。
　若懶得洗蒸布，就在下面墊一層馬鈴薯塊。如果馬鈴薯塊也
　懶得弄，直接丟蒸格上蒸，風味會不同，偏離了粉蒸口感，水
　分較多，裝盤後像是很多油炒出來的菜。這到底是好還是不
　好呢？

編註：又稱長豆或豇豆。

茄汁花椰菜

花如玫瑰，稈如翡翠，我這樣說過分了嗎？

···················· 食材 ····················

主角：花椰菜、番茄。

客串：鹽。

圖中的芹菜，本想裝點些綠色，做完覺得不需
要，留著打蔬果昔（註）了。

···················· 看圖做菜 ····················

1. 花椰菜切成小塊放盤裡，蒸鍋水開後放入蒸，約 3 分
鐘即熟。
不要蒸得過於軟爛，否則一會兒下鍋全散架了。如果直接
用油炒花椰菜，再想煮軟就相當不容易了。

2. 番茄去皮切小塊，待鍋燒熱後倒入番茄，加少許鹽翻
炒，用鏟壓一壓，小火煮成糊狀。

3. 將蒸好的花椰菜連菜帶汁倒入鍋。撒些鹽，翻炒均勻
（記得前面有放鹽）。

4. 待花椰菜都均勻吸入茄汁，湯汁差不多收乾時，關火
盛出。
是不是花如玫瑰，稈如翡翠？

註：蔬果昔：把生蔬菜和水果洗淨，加適量潔淨能喝的水，用料理機打成細膩的糊。蔬果昔不像榨果汁需
要去渣，是全食物。

# 不是蒸蛋

　　從小到大特愛吃雞蛋，冰箱的蛋格一空，我就沒了安全感。

　　半夜肚子餓了，就從床上爬起來煮個蛋，美滋滋吃飽再回去睡覺。

　　有一天開了竅，知道蛋對身體的害處，遠超我以為的所謂營養。而且，雞蛋本該是一隻毛茸茸的可愛小雞啊。

　　冰箱的蛋格又空時，我決定試一試，不再買蛋，我還能活嗎？

　　幾年過去再回首，多虧了當初的決定，否則我不會遇見如此多的我從未料想過的美食。

從來無意模仿葷菜，偶然弄出了這個菜，很像蒸蛋，不是蒸蛋。

## 食材

主角：嫩豆腐、南瓜。

客串：鹽。

## 看圖做菜

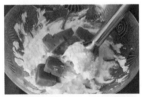

*1.* 南瓜去皮切片放盤裡，蒸鍋水開後放入蒸熟，幾分鐘就可以了。

*2.* 用手持攪拌棒或料理機將嫩豆腐打到細滑。

　　當食材太少，在料理機的攪拌杯裡尷尬地空轉時，手持攪拌棒就有優勢了，但只適合打較軟的食材。

*3.* 加入幾片蒸熟的南瓜。

　　南瓜不需要太多，以免過甜。也可用貝貝南瓜，味道很讚，但會有些許皮的綠色點綴。

*4.* 加適量鹽，攪打至均勻細滑。如果用印度黑鹽，味道更似蛋。

*5.* 用湯匙或矽膠刮刀把豆腐泥弄進盤子，表面稍刮平。

　　約 2 公分厚就可以了，太厚不好蒸透，影響口感，太薄吃起來不過癮。

*6.* 蒸鍋水開後，放入蒸約 10 分鐘，蒸到膏體有些氣泡眼為佳。

　　每一塊豆腐，每一塊南瓜，味道都不一樣，所以每次做出來的味道也會不一樣。不去想像它像什麼，不像什麼，感受當下的美好，便是幸福。

# 水墨 · 胭脂

　　娃在家寫作文，呆坐桌前久不動筆，問及，說老師講了一些好詞，作文裡要用的，自己一走神，一個詞也沒記住。怎麼辦？

　　我：「今天的丸子好吃嗎？」

　　娃：「好吃！」

　　我：「知道用什麼材料做的嗎？」

　　娃：「山藥、胡蘿蔔、香菇。」

　　我：「這幾樣你都愛吃嗎？」

　　娃：「山藥愛吃，香菇還行，胡蘿蔔不喜歡。」

　　我：「所以，食材本沒有好壞，關鍵是怎麼搭配和製作，讓菜好吃又健康。寫文章也是一樣。」

　　娃於是就去寫作文了。俺不會講道理，只會聊做菜，治大國若烹小鮮，何況一篇作文嘛。

偶爾的，我也會有些小情懷，取的菜名會古怪。

---------------------------------- 食材 ----------------------------------

主角：鐵棍山藥、胡蘿蔔、鮮香菇。

客串：油、鹽、黑胡椒粒（現磨才香）。

---------------------------------- 看圖做菜 ----------------------------------

1. 山藥洗淨，連皮切段，蒸鍋水開後，直接放在蒸格上蒸熟。

2. 用刨刀刨去皮，用湯匙或壓泥器壓成泥。

3. 胡蘿蔔去皮，用切絲器切成不太長的細絲。刀切也可，要夠細。香菇去掉根部，先從中間切開兩半，再切成薄片。

4. 放少許油入鍋燒熱，將胡蘿蔔加鹽炒軟盛起。再將香菇加少許鹽煸香盛起。

5. 取一些胡蘿蔔絲、一些香菇片、一些淮山泥在手裡，先用力捏到材料緊實，再用兩手的掌窩團成球狀，留出2大匙香菇片做醬汁。

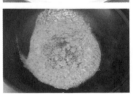

6. 兩大匙香菇片，加少量潔淨能喝的水，用食物料理機攪打成糊，放在鍋裡燒熱，可加水調整稠度。加少許鹽，磨入黑胡椒碎。

7. 把醬汁倒入盤中，丸子擺在上面，蒸鍋水開後放入蒸1分鐘。趁熱蘸醬吃。

# 粉蒸卷心菜

　　脆脆的捲心菜，我常常在洗好菜後，忍不住放進嘴裡，生吃又脆又甜。
如果想吃綿軟的口感，就來一籠粉蒸。

　　亞麻籽富含 ω-3 脂肪酸，生吃為佳，可以每天吃 1 湯匙以上，不要超
過 6 湯匙（30 公克）。要打碎才好吸收，和蔬果昔一起打很方便，磨成粉
撒在蒸菜裡，感覺也很搭呢！

> 我有時在想，到底有沒有什麼菜，是不能蒸著吃的呢？

---------- **食材** ----------

主角：捲心菜、胡蘿蔔、腐竹。

客串：小米粉（或糙米粉／玉米粉）、
　　　生亞麻籽（可選）、鹽。

---------- **看圖做菜** ----------

*1.* 腐竹用潔淨的水泡至柔軟飽脹。如果皺折處沒泡透的，
可以切下來煮一會兒。

*2.* 捲心菜、胡蘿蔔、腐竹都切成小碎粒，放進一個大盆。

*3.* 小半碗小米粉，加入適量的鹽，拌勻。

*4.* 把粉倒進菜裡拌勻。鍋裡水燒開後，在蒸籠或蒸鍋的蒸
格上墊一層蒸布或荷葉，把菜倒入鋪平。大火蒸幾分鐘
就熟。若想要綿軟的口感，大概要蒸十來分鐘。
　墊蒸布可以避免過多水分進入食材，讓口感更好。也可以墊
一些馬鈴薯、地瓜等代替蒸布。但最好不要放在盤子裡蒸，可
能會有過多水分。

*5.* 用研磨機將生亞麻籽磨成細膩的粉，待菜出鍋稍降溫後，
撒在菜上，開吃。

# 老奶洋芋

　　素食後第一次出門旅行,在一個空氣都是辣的城市,老奶洋芋是我在餐館找著的第一道素菜。這個名字的意思是,沒牙的老奶奶也能吃。當初的味道已然記不清,只是時時掛念那些天陪著我一起吃素的朋友。做一道素憝版的老奶洋芋,以寄相思。

現在多嘗點美味，等我們老的時候，好一起回味。

········· 食材 ·········

主角：馬鈴薯、荷蘭豆、芹菜。

客串：鹽、黑胡椒（可選）。

········· 看圖做菜 ·········

1. 馬鈴薯去皮切塊，蒸鍋水開後，直接放在蒸格上蒸熟。再壓成泥，不需要很細膩，差不多就可以了。

   朋友問，素愫以前蒸馬鈴薯都不去皮的，為什麼現在變了？我想了想，可能以前覺得先削皮浪費啊，可是今天懶得一塊塊撕皮了。有些時候，沒有為什麼，自己感覺好就行。

2. 荷蘭豆理去頭尾，用開水焯熟，撈起放在盤中，留出放馬鈴薯泥的位置。

3. 鍋燒熱後，不需要油，將切得很細碎的芹菜丁放進去煸炒幾下。

   芹菜不需太多，不然成炒芹菜了。

4. 馬鈴薯泥入鍋，轉小火，捻少許鹽上去，翻勻。磨入黑胡椒，翻勻，關火。

5. 盛起裝盤，可以往盤上再磨些黑胡椒。

> 吃一口丸子，解一處鄉愁。

---
### 食材

主角：較乾的豆腐、南瓜。

客串：鹽、黑胡椒（可選）。

各地豆腐不一樣，選擇水分少，手感結實的，
一碰就散的可不行。自己做豆腐也是不錯的。

---
### 看圖做菜

1. 用整隻手反覆擠捏豆腐，捏成均勻的豆腐碎。

2. 南瓜去皮，切成細碎的粒。南瓜只需少量，可先切一
   部分往豆腐裡添加混合，免得切多了用不完浪費。

3. 南瓜豆腐混合均勻，南瓜占較少的比例。加少許鹽，
   喜歡黑胡椒味的可以磨一些進去。
   如果南瓜太多，丸子易散。若擔心比例不對，可以留一些豆
   腐，萬一南瓜多了，還可以再加豆腐進去。退兩萬步說，真
   捏不成丸子，整盤蒸了也是好好吃的……

4. 用手輕輕捏成丸子，放在竹蒸籠上，或者放在蒸鍋的
   蒸格上，墊一層蒸布。水燒開後上鍋蒸。

5. 蒸幾分鐘，待南瓜軟熟即可。吃原味，或蘸醬，都很
   好吃。
   捏丸子時還擔心會散掉，蒸熟之後卻變得結實，軟嫩中帶
   著彈性，一口氣吃完一籠，不夠啊。

# 清蒸杏鮑菇

我們有一道菜，大家一做出來，就說自己拯救了 13 隻雞，有的說拯救了 26 隻雞。有些群眾搞不懂了，這是個什麼故事？此前清蒸了一道湯，被強烈投訴，說比雞湯還鮮，讓素食者不敢下嘴，還說是不是加了半瓶蘑菇精？我娃說像濃縮了 13 碗雞湯，膩歪了。

後來我改良了下，讓它鮮得不那麼可怕，大夥滿意了。故事就是這麼來的。

有人一次蒸兩支菇，所以就說 26 隻雞了。

一個菇，兩種吃法。

────────────── **食材** ──────────────

主角：杏鮑菇。

客串：鹽、紫蘇／黑胡椒／孜然等（可
選）。

────────────── **看圖做菜** ──────────────

*1.* 杏鮑菇洗淨，用清水兌入少許環保酵素，浸泡半小時
後洗淨。若菇浮在水上的話，用一個盤子壓住。
泡過的菇含水量增加，蒸後會有更多湯汁出來，就不會因為
湯太濃鮮而被「投訴」了。

*2.* 在菇身上切出斜紋花刀。翻面，在另一面也切出花刀。
在保證不切斷的前提下，儘量切深點。
也可以把菇切開成4小份（中間橫切一次，再各縱切兩半），
再切出花刀，這樣比較容易入口。在菇身上均勻抹上少量
的鹽，一點點就夠了。

*3.* 用一個較深的盤裝上菇，蒸鍋水開後放入蒸七八分鐘，
待盤中有足夠湯汁時，關火。湯非常非常鮮。

*4.* 喝完湯，菇可以直接吃或蘸醬吃，也可以在平底鍋裡
刷少許油，煎至兩面有少許金黃色，加入切碎的紫蘇，
或孜然／黑胡椒，煎少許時間即可。

*5.* 切開小塊享用。

# 馬鈴薯和紅莧菜

小時候我都把炒莧菜的紅湯拿來泡飯，弄出一碗高大上（編註）的紅米飯！

在那個樸素的年代，一個小女孩是多麼渴望色彩。

估計現在沒人要這湯了吧，鹽都在湯裡。

這一款沒湯的紅莧菜，口感很溫柔，似乎粉蒸菜的特點就是，讓人吃上癮？

很多葉類菜可以替代紅莧菜的位置，我就不列舉了，實踐出真知。

---------------------------------- **食材** ----------------------------------

主角：馬鈴薯、紅莧菜。

客串：小米粉（或糙米粉／玉米粉）、鹽。

---------------------------------- **看圖做菜** ----------------------------------

*1.* 馬鈴薯去皮，切成約半公分厚的片。小米粉加少許鹽拌勻，再把粉拌勻在馬鈴薯上。

*2.* 紅莧菜摘去老的根部，淘洗乾淨，稍切短，同樣用拌了鹽的粉拌勻。鹽不要多，菜蒸熟會大幅縮水的。

*3.* 水燒開，鋪上蒸布，把拌好的馬鈴薯片放上去，可以稍重疊，但別堆太厚，不好熟。用大火蒸。

*4.* 馬鈴薯蒸到快熟時，把菜鋪上去，菜鋪厚點沒關係，一會兒就縮水了。繼續蒸三五分鐘，兩樣都熟就可以了。

有些嫩馬鈴薯蒸四五分鐘就熟了，有些則要十來分鐘。中途開蓋用筷子戳一戳，反正莧菜只需要三五分鐘，估計好時間就行了。

*5.* 從鍋裡胡亂鏟到盤裡，開吃。

菜汁沒浪費，有些馬鈴薯還沾了點色，跟胭脂似的。

編註：大陸用語，用來形容高檔次、有品味。

# 粉蒸白蘿蔔絲

　　每次吃不完一個大蘿蔔，要切一半時都會琢磨，留哪一半呢？這算強迫症嗎？

　　現在好了，挑個最大的還嫌不夠吃，蒸功夫就是厲害。

　　為了方便拍照，放在竹蒸籠裡，平時吃都是一口大蒸鍋，不是我沒情調，只是蒸鍋容量更大⋯⋯

冬天的白蘿蔔最好吃。

---------------- 食材 ----------------

主角：白蘿蔔、小米粉（或糙米粉／玉
　　　米粉）、紅棗。

客串：鹽、黑胡椒（可選）。

---------------- 看圖做菜 ----------------

*1.* 白蘿蔔去皮，用刨絲器刨成柔軟細絲。

*2.* 碗裡倒入適量小米粉，再加入一些鹽，拌勻。

*3.* 在蒸籠裡墊一層荷葉，或紫蘇葉、蓮藕片等。

*4.* 把蘿蔔絲均勻拌上粉，放入籠中。拌的時候要輕，別
　　大力抓。切幾顆紅棗裝飾。
　　粉稍拌厚點好吃，蘿蔔綿軟，入口即融。粉少可能會是脆生
　　的口感。蘿蔔別堆太厚，這樣容易熟。

*5.* 鍋裡水開後放入食材，蒸至蘿蔔軟熟就可以啦，大約
　　10 分鐘。可磨些黑胡椒。

# 地瓜和地瓜葉

　　偶爾還是小糾結，這麼簡單的菜能拿出來麼？但想想私藏美味是不道德的，還是上菜吧！

　　等等，這道菜的做法和前面的馬鈴薯紅莧菜很相似呀。是啊，這倆菜就是個粉蒸菜的公式。許多葉菜都可以同法製作，如茼蒿、菜心、青江菜等。

　　賣菜的大姐看我每次買綠葉菜都很大量，好奇地問我，我說你教會客人這樣做，他們能多買一倍的菜量。可不是嘛！

朋友說，每次做這個菜，感覺鍋不夠大，怎麼辦？

食材

主角：地瓜、地瓜葉。

客串：小米粉（或糙米粉／玉米粉）、
　　　鹽。

看圖做菜

1. 地瓜葉摘好洗淨。放幾匙小米粉在碗裡，加少許鹽拌勻，再將粉與菜葉拌勻。菜葉都要粘些粉，但不宜過重，以菜蒸熟後不見粉為佳。地瓜葉要選擇嫩的，菜的品質決定著最後的味道。

2. 地瓜去皮，切成厚薄均勻的小塊，蒸鍋水開後，放在蒸格上，大火蒸。

3. 地瓜蒸到七八分熟時，把菜鋪在上面，繼續蒸約3分鐘，菜熟即可。

4. 盛好，享用。

地瓜葉的清香迴旋在口中，粉蒸菜特有的綿軟柔滑，一大盤下肚還覺得不夠。

# 糖粉香芋

爸媽都愛吃荔浦芋頭，蒸熟了蘸白糖，說乾隆皇帝就是這麼吃的。

我覺得糖不利健康，就做了一款不用糖，還更好吃的糖粉香芋。

正打算找我媽炫耀一翻，她先說話了：「最近我買的芋頭，太好吃了，蒸熟了直接吃，什麼調料也不用 .....」

芋頭沒有變得更好吃，是你們的味蕾變得更靈敏，更能嘗出食物的本真美味，所以不需要依賴調味料了，這就是純淨素食後會自然發生的事情。

糖粉的表白：每當想要「蘸糖」吃的時候，請想起我。好吃別貪嘴，生亞麻籽每天不要超過 6 匙（30 公克）。

### 食材

主角：香芋、白芝麻（生）、亞麻籽（生）、紅棗。

芋頭品質很重要，要從頭至尾都特別粉糯的那種，比如荔浦芋頭。

### 看圖做菜

1. 芋頭削去皮，切成約 1 公分厚的圓片，鍋裡水燒開後，直接放在蒸格上蒸熟。

2. 蒸芋頭時，把白芝麻和生亞麻籽一起用研磨機磨碎。亞麻籽要磨得很細碎才好吃。

   白芝麻和生亞麻籽，也可以只取其中一種，口感風味會不同。但若要攝入 ω-3 脂肪酸，就要優選生亞麻籽了。

3. 紅棗去核，放入研磨機一起磨碎。

4. 按自己喜歡的甜度搭配比例，磨好後就是香甜的糖粉了。咱不買糖，卻有更好吃的糖。

5. 把糖粉堆在芋頭上，整片拿起吃。或者掰一塊芋頭，蘸著糖粉吃。

# 清蒸白蘿蔔

一要拍照就無意識地擺成這樣了。

如果蘿蔔片平放，香菇放上面，蘿蔔吸收香菇的味道，更好吃。

有時不在意顏值時，味道更好。

但也有朋友照此樣做後，收穫一番讚歎：「這道菜好高級啊！」

新鮮蘿蔔的清甜本味，融入香菇的鮮香，清爽美好。

·········································· 食材 ··········································

主角：白蘿蔔、鮮香菇、青豌豆（可
　　　選）。

客串：鹽、黑胡椒（可選）。

·········································· 看圖做菜 ··········································

*1.* 白蘿蔔去皮，切成薄薄的片。

*2.* 香菇切去腳上的黑色部分，切成略厚的片。

*3.* 所有材料擺入盤中，豌豆主要作裝飾。用手指捏
　　一撮鹽，均勻捻在表面。若喜歡黑胡椒，可以磨
　　些進去，蒸過後辣味十足。

*4.* 水燒開後，放籠上蒸熟，約需十來分鐘。

# 南瓜蒸雜蔬

　　朋友說，連續幾天做各種粉蒸菜給家人吃，都說好吃，重點是他們絲毫沒察覺到，菜裡沒放油。

　　或許咱已經有了粉蒸一切的絕技，但天下武功永無止境，稍做變幻，又是另一種全新的體驗。粉蒸菜的套路，其實還很深。

　　本來計畫是，南瓜蒸豆腐乾＋蘆筍＋黑木耳，不料除了南瓜全部缺貨，只好匆忙抓了些別的。

摸清套路，食材都是可以換的。

## 食材

主角：南瓜、雜蔬（水分不多，易
　　　熟的各類蔬菜和豆製品）。

客串：小米粉（或糙米粉/玉米粉）、
　　　鹽。

## 看圖做菜

*1.* 千張皮（編註）切成條或絲兒，秋葵切段，將小米粉拌
　　上適量鹽，再將粉和菜拌勻。
　　**秋葵切小圈易熟過頭，切長段較好。**

*2.* 南瓜去皮切塊，同樣拌上加鹽的粉。如果雜蔬都是易熟
　　的，南瓜要切薄一點，以便同步蒸熟。

*3.* 蒸鍋水燒開，鋪上蒸布或荷葉，將南瓜以外的菜放入鋪
　　平，再把南瓜鋪在上面，南瓜可以鋪一到兩層。蒸幾分
　　鐘就熟了。
　　**作粉蒸菜不要把食材裝在盤子裡蒸，這樣食材可能水分較**
　　**多，影響風味。**

*4.* 盛出來時，南瓜會被劃散成糊，隨意與菜混合，雜蔬被
　　香甜的南瓜包裹，風味絕佳。

**編註：**千張是一種豆製品，是一種大片、很薄、帶有韌性的豆腐乾片，色米黃，可涼拌、清炒或煮食。

# 一盤蒸菜

　　有沒有人和我一樣，曾經患有「一個人吃飯鬱悶症」。

　　看過一篇文章，寫如何減少一個人吃飯的鬱悶。其中一條是，棄圓桌用方桌，因圓桌造溫馨之勢，更襯出獨自孤獨。臨方桌如同辦公，自然是堅強許多。

　　現代人很少有機會真正一個人吃飯了，有智慧手機不離身，右手筷子，左手手機，早就不知道吃的是啥了。

　　現在的我，最盼的就是一個人吃飯，不用聽不用說，唯有和食物的能量相接。

　　可否說，從享受一個人吃飯起，才是真的懂得了吃飯。

廚房剩下的邊角餘料，整一盤蒸了卻好吃得過癮，乾脆取名「一盤蒸菜」。

---------------------------------- 食材 ----------------------------------

主角：馬鈴薯、綠花椰、鮮香菇。

客串：鹽，黑胡椒（可選）。

---------------------------------- 看圖做菜 ----------------------------------

1. 香菇切去腳部黑色部分，切成片。馬鈴薯去皮切成細條（不用太細，跟薯條一樣就可以了，因為蒸比炒和煮要容易熟得多）。撒少許鹽，將兩種食材拌勻。

2. 將馬鈴薯和香菇放進盤的中間，邊上擺一圈綠花椰，均勻捻一些鹽在綠花椰上。

3. 蒸鍋水燒開後，入鍋蒸熟，七八分鐘即可。如果馬鈴薯較多，可能中途要翻動下，以熟得均勻。

   每次寫烹飪時間都糾結，其實需時多少，受各因素影響而大為不同，食材品種、處理方式、形狀大小、鍋灶性能……故我所寫的僅供參考。最好的方法是，開鍋嘗一嘗，下次就大概心裡有數了。

4. 出鍋後，還可以磨些黑胡椒上去。

   再念叨下，綠花椰不能蒸太久，會變色。如果馬鈴薯是澱粉較多、較難熟的那種，就要稍切細一點，或者馬鈴薯先蒸，晚一點再放綠花椰。

# 金汁竹笙卷

---

假如灰姑娘沒有華服，王子會愛上她嗎？可能她連王宮的門都進不去。

這就是為什麼，那些蒸一盤邊角餘料就吃得歡天喜地的人，還會花心思去做一道美麗的菜。

為了等你愛上素食。因為想和你在一起，很久很久。

倘若能有一個誰，讓你願意花心思，便是幸福。

--------------------------------- 食材 ---------------------------------

主角：南瓜、絲瓜、竹笙、生南瓜子（可
選）。

客串：白胡椒（可選）、鹽（可選）。

--------------------------------- 看圖做菜 ---------------------------------

1. 竹笙取桿的部分，網狀部分留著以後吃。清水泡發幾分
鐘，切成 3~4 公分長的段。

2. 絲瓜去掉棱，刮去皮，儘量保留皮下綠色部分，切成 5~6
公分長的細條。

3. 將絲瓜條塞入竹笙筒，儘量填緊。絲瓜中心較軟的條先
放，靠近皮部分較硬的條後放，這樣容易擠進去。

4. 南瓜去皮與子，切成較薄的片，與竹笙卷一起在雙層蒸
鍋蒸熟，約需 3~5 分鐘。

5. 把蒸熟的竹笙卷夾到較深的盤裡，擺放好。

6. 蒸熟的南瓜和生南瓜子放入強馬力料理機，南瓜占較大
比例，加幾匙潔淨能喝的水，攪打至順滑。加鹽與否依
個人喜好。

沒有南瓜子不影響味道，這不是找機會多吃點南瓜子嘛。南
瓜汁的濃度，以倒進盤裡剛好能自然流淌水準最好。可先
少放水，打完後再慢慢增加水，搖勻，調整至理想的稠度。

7. 把南瓜汁舀入盤中。可以磨少許白胡椒上去，增添風味。

吃時用湯匙撮一個卷，再舀一些汁澆上，一併放入嘴裡，真
不辜負了這麼多工夫。

# 香甜藕夾

　　小時候每年的團圓飯，媽媽都會按傳統的風俗，做好 10 道隆重的菜肴，炸藕夾便是年年都有的項目。

　　現在，大概媽媽也不再做這道菜了，即使是夾素餡，也不想油炸。

　　想念藕夾，只是想念一家人在一起的熱鬧。

不想傳承過去，就去創造一個未來。香甜藕夾，免油炸。

················· 食材 ·················

主角：蓮藕、紅棗、核桃。

粉藕或脆藕都可以做，風味不同。

················· 看圖做菜 ·················

*1.* 核桃剝殼取肉，紅棗去核稍切小。

*2.* 用研磨機磨碎成糖粉。核桃與棗的比例，按自己喜歡的
甜度配比就可以。

*3.* 藕去皮洗淨，切成整齊的薄片。

*4.* 拿一片藕片，堆一匙糖粉上去，蓋上另一片藕，洞洞對
齊捏緊。再用糖粉把洞洞填滿。糖粉有黏性，捏一捏就
可以填實了。

*5.* 蒸鍋水開後放入，蒸到蓮藕熟，約十來分鐘。
甜蜜蜜的藕夾做好啦，這次做的賣相似乎醜了點，不過很好
吃呢。

# 財源滾滾

　　有樣寶貝，在廣東表示生財，常見於年節喜慶、開業大典什麼的。沒錯，就是那顆綠綠的生菜（生財）。

　　做了一道吉祥年菜：財（菜）源（圓）滾滾。連試三個版本終於滿意，帶點酥酥的口感，好吃。

> 多吃菜，多發財。

## 食材

主角：鷹嘴豆、茼蒿。

## 看圖做菜

1. 鷹嘴豆泡一晚至飽脹，倒掉水清洗（可多泡些，瀝乾水，放冰箱冷凍保存，吃時取出直接煮更易熟），壓力鍋煮至冒蒸汽，轉小火煮十來分鐘，豆子軟熟即可。

2. 豆子撈出不加水，放入食物處理機。攪拌杯較大的話，豆子太少易空轉，多了轉不動，把握適量，攪拌時可用料理棒幫助按壓。如果打得不均勻，中途停下將粘在杯上的食材弄鬆，再繼續打成豆泥。

3. 茼蒿洗淨切碎，儘量用葉子部分，切得整齊細碎，與豆泥拌勻。

   若不喜歡茼蒿的味道，可以試試其他菜，比如雪菜葉子。沒有放鹽，豆與菜本身是鹹味系的，味道很香濃。或依自己需求加少許鹽。

4. 用手抓一把菜豆泥，捏勻，用手整形成球。如食材太乾，手心濕點水可能有利於成形。鍋裡水開後放入，蒸七八分鐘即可。

# 金玉滿堂

偶然在娃的作業本上，看到他造的句子：「小王如果做一盤菜，不用任何油鹽醬醋，就能如瓊漿玉液般美味可口，色香味俱全。」

你給我站住！這說的明明是我，乾嘛扯上隔壁小王？晚餐我不管了，你找小王去！

娃於是自己動手做了一盤「連皮切塊蒸馬鈴薯」，不料群眾紛紛稱讚：「這個可以做到食譜裡啊！」接下來的幾天，我看到很多人在吃連皮切塊蒸馬鈴薯。

我應該可以休息個把月了，下期食譜蒸馬鈴薯，下下期蒸地瓜，下下下期蒸山藥，下下下下期蒸南瓜……

元宵節的湯圓，就吃這個了。糯米湯圓不好消化，這一款就輕鬆多啦。

## 食材

主角：山藥、南瓜。

朋友送的一個南瓜，用了半個，不是很老。如選擇比較老、澱粉足的，味道更香甜，金黃色更漂亮。

## 看圖做菜

1. 山藥洗淨泥，連皮切段，蒸鍋水開後，直接放在蒸格上蒸熟。

   感覺連皮蒸比去皮蒸的味道好，而且不擔心弄得手癢什麼的。這次的山藥比較粗，從中間切開了。

2. 南瓜去皮和籽，切小塊放於盤中，蒸熟。用雙層蒸鍋可以兩樣材料一起蒸，南瓜只需三五分鐘，山藥需時久一些。

3. 蒸熟的山藥刨去皮，壓成泥。

4. 熟南瓜用手持攪拌棒或料理機打成羹，可以稍加水調整到喜歡的稠度。

5. 把山藥泥搓成小球，放入南瓜羹中（我在其中一個包了一塊棗，看誰吃到這個，一年好運氣）。

6. 把每個小球稍轉動下，讓它部分粘上金色。在蒸鍋裡蒸一兩分鐘，蒸熟即可。

   拍完照，我把剩下的山藥泥都做成球，擺了一滿盤，根本不夠吃……

# 雪花蓮藕羹

　　打開鍋蓋的一瞬間，記憶回到了冬日衡山，白雪覆蓋青松，無限風光在險峰。

　　我說菜名叫「衡山雪松」，惹笑了一桌人。

　　在湖南吃到了粉蒸蓮藕，勾起了家鄉味道的回憶，回家後趕緊蒸了一鍋，差點沒哭！鍋子燒乾也弄不出粉糯的口感，都是蓮藕，差別怎麼這麼大呢！

　　失望之餘心有不甘焉，用強馬力料理機把生蓮藕打成漿，這回總不會蒸不軟了吧。想不到味道令人驚喜。

吃不到粉藕的遺憾，卻帶來了更美的遇見。

······ **食材** ······

主角：蓮藕、綠花椰、糙米粉。

客串：鹽。

······ **看圖做菜** ······

*1.* 綠花椰洗淨，取頂部花的部分，掰成小塊備用。

花桿的部分可以做其他菜，下面的粗梗也別扔了，切去外皮後，切片切粒或蒸或炒，都好吃。

*2.* 大碗裝半碗水，蓮藕去皮，一邊切塊一邊放入水中。

蓮藕用水洗禮過，待會兒打漿不會變色，蒸出來就會有白雪的感覺，不然顏色會略暗，但味道無多差別。

*3.* 把藕塊撈出放入料理機，加一兩匙水（水不要多，只要能攪拌就行），開啟攪拌，同時用攪拌棒往下搗壓，將藕塊打成均勻的糊狀，倒入盤中。

*4.* 加入適量的糙米粉和鹽，拌勻。

生藕漿蒸熟會有一些甜膩，以糙米粉中和則風味甚佳。米粉不需太多，拌出來的糊要有些稀，如太稠蒸出來的口感會不夠鬆軟，大概會成為結實米糕。

*5.* 把菜種進雪地，稍用些糊蓋在菜花上，使之若隱若現。蒸鍋水開後，放入蒸熟，七八分鐘即可。

02 煮

不一樣的你我

同頻相吸直至相融

不分彼此

結金玉良緣

孕育出全新的味道

生生不息

# 金玉良緣

　　這道菜本來叫「素蟹黃豆腐」，由於長期被投訴，不喜歡出現動物名，只好另取名「金玉良緣」。

　　願此金玉美食，許您健康良緣。

　　燕麥湯不能省，不然出來的成品，徒有外表，味道相去甚遠。

　　南瓜不能偷懶，用生的直接打，煮出來的味道，一般人都不會接受。

　　這都是我試過了的坑。

這個菜收到的最深奧的評論是：好吃到生無可戀……

········································ **食材** ········································

主角：嫩豆腐、南瓜、香菇、青豌豆
　　　（可選）、燕麥片。

客串：鹽。

南瓜要選老的，澱粉多、味道甜且糯的。
燕麥片用普通大片狀的就可以。不要即
食的，因為經過了更多加工。

········································ **看圖做菜** ········································

*1.* 南瓜去皮切塊放盤裡，蒸鍋水開後放入蒸熟。用料理
　　機或手持攪拌棒打成泥。

*2.* 一把燕麥片，加一小碗水，用強馬力料理機打成細膩
　　的漿，倒進鍋。

*3.* 開火，加入切好的豆腐塊，少許鹽，開始煮。

*4.* 煮時注意看火，煮開後撇去浮沫，加入豌豆和香菇煮
　　熟，關火。
　　嫩豌豆很易熟，如果比較老的，就提前些下鍋煮。

*5.* 加入適量的南瓜泥攪勻。
　　適量就是調至理想的色澤，一兩匙就差不多了，多出的南
　　瓜泥直接放嘴裡吃掉。

# 茄汁兒雙豆

吃素以後，人氣指數最高的問題之一：那你蛋白質從哪兒來？

任何食物都有蛋白質，哪怕地上的一棵草。人們相信牛肉富含蛋白質，可是牛只啃青草。

攝入過量的蛋白質，還會給身體惹麻煩。植物性食材中，豆類通常有較豐富的蛋白質。這道菜，大概可以治癒「蛋白質缺乏恐慌症」。

鷹嘴豆粉糯,青豌豆脆嫩,混合著新鮮番茄醬汁的酸甜。

## 食材

主角:鷹嘴豆、青豌豆、番茄。

客串:鹽。

## 看圖做菜

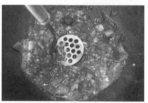

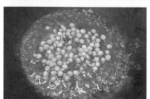

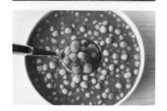

1. 鷹嘴豆泡一晚至飽脹,倒掉水清洗(可一次泡多些,瀝乾水,放冰箱冷凍保存,吃時取出直接煮更容易熟)。壓力鍋煮至冒蒸汽,轉小火煮十來分鐘,或用燜燒鍋燜大半小時,豆子軟熟即可。
   未凍過的豆可能要煮久一些。煮豆時間會因為豆子品種、浸泡時間長短、鍋具等的不同而不相同,總之煮到自己喜歡的口感程度即可。

2. 番茄去皮切粒,鍋燒熱後,倒進去加少許鹽翻炒,並用鍋鏟壓碎,或者用壓泥器,很容易壓成番茄醬。

3. 把豌豆倒進茄汁裡煮熟。如果是嫩的豌豆,煮開一會兒就可以了。

4. 把煮熟的鷹嘴豆倒進去,翻勻,裝盤。

# 板栗娃娃菜

餐館遇見一桌客人，要一份清水煮娃娃菜，不放油鹽。店長一臉驚詫
地寫單了，可我知道，他們享受的可能是絕世美味。

只有甦醒了的味蕾，才嘗得到。

新鮮現做番茄醬，是快速提升菜品味道、顏值的法寶。

## 食材

主角：娃娃菜、板栗、番茄。

客串：鹽、白胡椒（可選）。

## 看圖做菜

1. 板栗加水煮熟。用壓力鍋煮，冒蒸汽後轉小火煮約 5 分鐘就可（我用這口湯鍋，居然煮了近 20 分鐘，中途還加了兩次水）。

2. 娃娃菜切去根部，剝開洗淨，縱向切開兩半，放入開水中焯軟撈起。或者用蒸鍋蒸熟。

3. 番茄去皮切小粒，待鍋燒熱後倒入，加少許鹽翻炒，用鍋鏟或壓泥器壓，就有了濃稠的番茄醬。

4. 板栗連同煮板栗的水，倒進鍋。磨入一些白胡椒碎（如喜歡的話）。

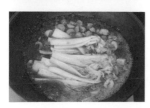

5. 加入娃娃菜，稍煮入味，關火。

# 椰汁香芋

在桂林尋吃，美食街上沒有素食館。

拿著菜單，請店長將「雪菜肉末豆腐」改成「雪菜豆腐」，將「肉末蒸芋頭」改成「清蒸芋頭」。一大盤清清爽爽的蒸芋頭，嘗一口，果然是正宗荔浦芋頭！

朋友們吐槽在非素食餐館點素菜的各種搞笑段子，比如：點炒米線，要求不放肉，結果老闆給了好多火腿腸；點黃瓜炒肉片，要求不放肉，結果拿到黃瓜炒魷魚，而且魷魚比黃瓜還多。

其實有竅門，不能光講「我不要什麼」，尤其有的朋友禁忌多，列一長串，人家背不下來啊。就說我只需要用什麼什麼，怎樣怎樣做出來。換句話說，就是清晰描述一個菜的製作過程，反正我們的製作可以極簡，清蒸、清水煮都可以是美味。

假如對方的眼神讓我沒有安全感，我就加上一句：「跟動物有關的，我吃了會過敏。」這樣，後面就不會有故事了。

新鮮自製的椰奶，本身就是一道甜點，用來做菜也很浪漫。

## 食材

主角：香芋或荔浦芋頭、貝貝南瓜、
　　　泰國椰青、奇亞籽。

客串：鹽（可選）。

奇亞籽富含 ω-3 脂肪酸，還能把菜裝
點得更漂亮。貝貝南瓜結實粉糯，和香
芋正匹配，沒有的話可以換其他口感接
近的南瓜，或者地瓜，或者只用芋頭。

## 看圖做菜

1. 芋頭削皮，切成較厚的塊。蒸鍋水開後，把芋頭直接放
   在蒸格上蒸熟。

   大芋頭可能只需半個，幾分鐘就蒸到粉糯。若是芋頭本身不
   粉糯，把鍋燒爛也沒用。

2. 貝貝南瓜洗淨，連皮切成較厚的塊，直接放在蒸格上蒸熟。

   不要放在盤子裡蒸，否則可能會濕乎乎的。若用雙層蒸鍋，
   南瓜可能先熟，放上層，一熟就拿走，免得蒸得太軟。

3. 用刀劈去椰青尖錐形頂部的外殼，再沿錐底砍一圈，就
   可以打開一個蓋。把椰汁倒進碗，用湯匙把椰肉挖出。
   如有碎落的椰殼，要清走。

4. 椰肉和椰汁一起用強馬力料理機打成香甜椰奶。

   每個椰青的椰汁多少與椰肉老嫩都不一樣，把握比例以達到
   滿意的稠度。如椰汁不夠，可加潔淨能喝的水。

5. 放一兩小匙奇亞籽在鍋裡（不用太多，不然一鍋都黑
   了）。加入椰奶與奇亞籽攪拌均勻。奇亞籽浸泡幾分鐘，
   就可以吃了。儘量少加熱，以減少營養損失。

6. 加入芋頭和南瓜。不用煮沸，稍煮到適口的溫度就可，
   或者芋頭的溫度已足夠溫暖椰奶。不煮也行。

   是否加鹽，依個人口味。

# 花菇悶蘿蔔

曾多次被「指控」，娃是被我強迫不許吃肉。

每遇到這種情況，娃就站出來為我辯護，闡述自己吃素的理由。他說了那麼多，最根本的原因大概就是「不忍」。

我們每次經過附近一間牛雜店，他都顫顫地心疼，但那又是一條常走的路。其實那誘人的香味，都是植物香料的功勞。

就用這道菜來證明。

不再為了一口蘿蔔，跟牛過不去。

---

## 食材

主角：乾花菇、白蘿蔔。

客串：八角、桂皮、香葉、鹽。

---

## 看圖做菜

1. 花菇洗淨，用清水泡軟，約需時半天。趕時間的話，可用溫水泡。

2. 取出花菇，把泡菇的水倒進湯鍋，將菇裡含的水也擠在鍋裡，再將菇腳剪/切去，菇肉切成厚片。

3. 菇放入湯鍋，添加適量水，加入所有香料，大火煮。

4. 蘿蔔刨去皮，切成滾刀塊，待湯鍋水開後放入，大火煮開後轉小火，加少許鹽，煮至菇和蘿蔔軟熟即可。

5. 在濃郁的香味中等吃，熟透後連鍋端出，直接吃或蘸點自己喜歡的醬吃。

咖哩雙花

說，吃素以後，你到底做少了多少家務？

看到有人討論掃地機器人、蒸汽拖把等家務神器，突然想起很久沒拖地了。只擁有傳統掃把和拖把的我，為何沒被家務困成黃臉婆？分析如下：

吃素以前，地板天天拖。餐桌下掉點食物渣，腳一踩，油脂裹上塵，地就黑了。現在，輕掃一下就行了。

以前，灶台牆壁油乎乎，抽油煙機重災區，現在，這些麻煩沒了。以前，廚房下水管經常堵，三天兩頭維修師傅請上門，師傅修得無奈，燒兩大壺開水倒進去化油。看到碗口粗的水管都能被油漬堵了，我不能不聯想到腸道和血管的處境……現在，這一切往事已成風。

以前，特不愛洗油膩膩的碗。現在，一隻手就能搞定——在水龍頭下沖沖就行了。洗碗機？那玩意兒多費神。

以前，最怕刷娃的校服，一片片油漬，粘上就下不來了。現在，校服比較乾淨了，除了踢球時滾上的泥。

當然，我們吃的不是假素，而是「低脂全蔬食」。So，廚房沒油瓶，完勝家務機器人！

顯然，吃完菜後的湯汁是要拿來拌飯的。

---------- 食材 ----------

主角：白花椰、綠花椰、胡蘿蔔、泰國
　　　椰青。

客串：咖哩粉、鹽。

---------- 看圖做菜 ----------

1. 白花椰與綠花椰洗淨摘小朵，胡蘿蔔去皮切片，可用模
　 具壓花，放在盤中。

2. 蒸鍋水燒開，放入蒸熟，大概三五分鐘就可以了。或者
　 放入開水焯熟。

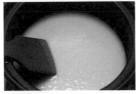

3. 椰青打開，倒出椰汁，挖出椰肉，加適量潔淨能喝的水，
　 用強馬力料理機打成細滑椰漿，倒入鍋裡。
　 注意是加水，不是加椰汁，椰汁可以單獨喝。挖椰肉步驟可參
　 考 P059「椰汁香芋」。

4. 開火煮，加入適量咖哩粉，攪拌均勻。期間可依需要，
　 添加水、鹽、咖哩粉或少許的椰汁（椰汁不能多，不然
　 太甜），達到滿意的味道和濃度。

5. 將蔬菜放入，稍煮拌勻即可。吃完菜，湯還可以拌飯。

金沙小花菇

房縣小花菇圓嘟嘟肉乎乎的口感好迷人，鷹嘴豆泥增加了沙沙的質感，和金色的外衣，好一個金秋時節。

---------- 食材 ----------

主角：房縣小花菇、鷹嘴豆。

客串：鹽。

---------- 看圖做菜 ----------

1. 鷹嘴豆泡一晚至飽脹，倒掉水清洗（或取之前泡好後冷凍的豆），另加水於壓力鍋煮至冒蒸汽後，轉小火煮十來分鐘，豆子軟熟即可。

2. 將豆撈出，不需要加水，用料理機打成泥，攪拌時可用攪拌棒幫助按壓。

   若豆子較少，會在攪拌杯裡空轉，可加很少的煮豆水，便於攪拌（反正這道菜裡，豆泥或乾或濕都好吃）。

3. 小花菇洗淨，清水泡發，去除根部雜質，洗淨。將泡菇的水（注意碗底雜質）和菇放入鍋中，水少可適量添加，沒過菇即可。

   加少許鹽，煮軟。壓力鍋煮需六七分鐘。

4. 開鍋後，如還有湯汁，繼續煮至收乾汁，或者用這些汁煮其他湯。找一較平的盤子，將菇撈起鋪於盤中。

5. 將豆泥鋪在菇上。如果想吃熱的，放入蒸鍋裡蒸一小會兒。若做的豆泥比較濕，可以用湯匙抹平，吃起來是流沙感。

   若做的豆泥比較乾，用手掰碎放上的，風味又不同。

# 燕麥濃湯豆苗

　　為了讓一間素食館放棄三花奶，有個小夥伴向老闆獻了一個燕麥湯底祕方。

　　簡言之，即用燕麥片加水打成白汁，煮菜就可以了，簡單實惠，營養美味，還是很好的火鍋湯底。

　　老闆欣然採納，除了上湯菜式類，還推出有機燕麥湯底火鍋。許多客人慕名前來品嘗，坐下來先每人喝一碗火鍋裡的湯，讚不絕口。

　　三花奶也就不再需要了。

　　比起只提出問題，更好的是送上優秀的解決方案。

吃菜，別忘了喝湯。

········ 食材 ········

主角：豌豆苗、燕麥片、核桃。

客串：鹽、黑胡椒（可選）、
　　　營養酵母（可選）。

········ 看圖做菜 ········

1. 約 4 個核桃，剝殼取肉。

　分心木（編註）攢起來可泡茶喝，或和五穀雜糧一起打糊糊。

2. 燕麥片一把，一半的核桃肉，加兩小碗水，用強馬力
　料理機打成漿，放鍋裡燒開，調整到自己喜歡的濃度，
　加少許鹽。

　煮時要攪拌，以免粘底或結團。

3. 將豆苗用開水快速焯一下（想更入味可以在水裡加點
　鹽），撈出放在碗中，將餘下的核桃稍掰碎，撒入。

4. 把燒開的濃湯倒入豆苗碗中。依個人喜好磨上黑胡椒，
　撒些營養酵母粉。

　素食者要注意補充維生素 $B_{12}$，在藥店買幾塊錢一瓶的 $B_{12}$
　片就可以滿足需求。也有人喜歡營養酵母（含 $B_{12}$ 不是蒸
　饅頭的酵母），可以提升顏值和味道。

編註：帶殼的核桃剝開後，會發現在核桃仁之間有一層褐色薄膜，因為是夾在兩瓣核桃仁之間，
因此名為分心木；也稱為胡桃衣、胡桃夾或胡桃隔。

# 藜麥馬蹄丸子

　　藜麥，食材界的當紅明星，營養豐富好消化，低熱量低升糖，不僅可以煮飯煮粥，還能變幻許多花樣呢。

　　灰色藜麥有粘性，做丸子就用它；黑白紅混搭的三色藜麥比較脆，大概捏不成丸子，還是去別的美食一展才華。

咬一口，軟乎乎裡藏著脆沙沙，這個感覺對了！

---------- 食材 ----------

主角：藜麥、馬蹄（荸薺）、金針菇、
　　　不太辣的青椒（或紅椒）。

客串：油、鹽。

---------- 看圖做菜 ----------

*1.* 藜麥浸泡半天淘洗乾淨，加少量水（剛沒過即可），放鍋裡
　　大火煮開轉小火。注意攪拌，水乾了可少量加水（但不要放
　　多，不然就煮成粥了）。煮至軟熟且粘稠較乾狀態關火。

*2.* 馬蹄洗淨去皮，切成小細粒（用乾淨的菜板和刀，馬蹄不
　　需煮熟），與藜麥混合。

*3.* 用手捏搓成丸子，放於盤中。

*4.* 金針菇去根，切成小段；青椒去蒂去籽，切成小粒。

*5.* 鍋裡放少許油燒熱，炒青椒，待鍋再熱後倒入金針菇炒軟，
　　加少量開水煮成湯，適量加鹽。

*6.* 把湯澆在丸子上。如天冷，可蒸熱再吃。

# 大煮乾絲

　　從小就迷戀杏花春雨的江南，然而很多江南美食還未及品嘗。明知今生
不會再嘗，也沒什麼值得惋惜，放手一個角落，必會擁抱一個更廣的天地。

　　這是素燒版的淮揚名菜「大煮乾絲」，正宗的是什麼味道我不知道，
我只知道我這碗很好吃。

　　我也知道，你們為所愛的人（包括自己）做的，更好吃。

成品比照片漂亮，奶白湯色好誘人，邊拍照邊做菜，一心二用不太好。

---

食材

主角：海帶、千張、胡蘿蔔。

客串：生腰果、鹽（可選）、白胡
　　　椒（可選）。

*選擇優質的海帶，寬大厚實不起泡，*
*表面有白霜，乾淨無泥沙，乾貨聞起*
*來就很香。*

---

看圖做菜

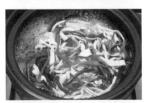

1. 乾海帶無需清洗（前提是，品質好、乾淨的），剪成稍
   小的塊以便放進鍋，蒸鍋水開後，直接放在蒸格上，蒸
   約 30 分鐘。
   *蒸的時候，已經滿屋飄香，先蒸後泡發，海帶很容易煮熟，*
   *味道也極鮮。*

2. 蒸好後，用潔淨能喝的水將海帶泡發 2 小時或以上，水
   不要太多（否則煮湯時用不完就浪費了）。泡到海帶吸
   飽了水，直接放嘴裡吃都可以的程度。

3. 海帶、胡蘿蔔、千張分別切成整齊的細絲兒。

4. 泡海帶的水（很重要，鮮味全在這兒）與海帶絲倒入鍋。
   如水不夠，可適量添加。煮開後，加入胡蘿蔔和千張一
   起煮。海帶已有鹹味，加鹽與否依個人口感需要。煮熟
   關火。

5. 生腰果數粒，用潔淨能喝的水浸泡半日倒掉水（來不及
   泡也無妨），另加少量潔淨能喝的水，用強馬力料理機
   打成細滑的漿，加入鍋中攪勻，無需再煮。
   *磨些白胡椒粉上去，頗有風味。*

# 上湯辣椒葉

　　出差去深圳，約中學的同桌見了一面。他說我們有十幾年沒見啦！不對啊，我們相距兩小時車程，不是經常見面嗎？前年春節不是還聚過嗎？

　　站在夜晚的深圳街頭，我默想了一陣，原來我是前年春節在深圳時，想著給他打電話，但我沒有。原來我經常用假想和意念，在完成我想做的事情，比如：曾經還在吃白米飯的時候，我買了一大堆五穀雜糧，準備開始更健康的飲食。

　　然後，我就以為我吃了。再然後，過一段時間，我就把櫃子裡過期的都清理掉。曾經學過一點點瑜伽，我就以為我天天都在練瑜伽。其實只是偶爾想起來，才會比畫上幾分鐘。不知從何時起，我們都習慣了，用意念來完成想做的事情。

　　心裡說了一遍「我愛你」，就覺得他已經聽到了。

　　心裡說了一遍「對不起」，就覺得他已經不再難過了。

　　心裡說了一遍「謝謝你」，就覺得他已經感覺到我的溫暖了。

　　從現在起，我不再做意念派了！我要做行動派，去做一切想做、該做的事情。在一切，都還來得及的時候。

一蔬，一豆，一穀，素味鮮香中的幸福。

·········· 食材 ··········

主角：辣椒葉、鷹嘴豆、燕麥片。

客串：鹽。

·········· 看圖做菜 ··········

1. 鷹嘴豆泡一晚至豆子飽脹，倒掉水沖洗乾淨。

   天熱中途要換水，沒人看管可以放冰箱泡著。可一次多泡點，瀝乾水，放冰箱冷凍保存。

2. 加適量水在鍋裡煮熟，需二十多分鐘（凍過的豆會熟得更快些）。用壓力鍋則只需十來分鐘。

   更省能源的做法：可以用燜燒鍋，燒開後放入燜大半小時，就軟熟了。

3. 燕麥片一把，加少許水（或煮過豆的水），用強馬力料理機打成漿。倒進鍋，加適量鹽，開火煮。濃淡隨意，但過濃容易糊鍋。

4. 煮開後，將摘好洗淨的辣椒葉放入，待再煮開即可停火。辣椒葉嫩的話，葉柄也是好吃的。

5. 盛起享用。

   湯裡融合了豆的微甜、燕麥的清香、辣椒葉的鮮美，很微妙的一種感覺，像是幸福。

# 薑汁豆渣

　　以前是做完豆腐，發愁豆渣的去處，現在是為了吃這道豆渣，只好勤快地去做豆腐。

　　自製豆腐很簡單，只要有打豆漿的工具（比如料理機等），再去網上買一套「豆腐模具」，賣家都有詳細教程。

　　即便不做豆腐，要吃這道美食，把豆子打了過濾留渣，煮豆漿喝倒也省事。

懶人如我，也做起了豆腐，就為這道超鮮美的豆渣。

········· 食材 ·········

主角：豆渣、子薑、杏鮑菇、菜心。

客串：鹽。

圖中是一種小菜心，常見的大顆菜心
也可以。

········· 看圖做菜 ·········

*1.* 子薑一小塊，去掉外面的小裙邊，切片。杏鮑菇小半個，切片。
　　 沒有子薑可用生薑，但用量要減少，估計一兩片就夠了，我也沒試過。

*2.* 子薑數片和杏鮑菇片，加適量水，用強馬力料理機打成漿，
　　 倒進鍋煮。

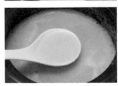

*3.* 一邊加入豆渣一邊攪拌，加到合適的濃度即可。
　　 豆渣過多過稠會影響口感，用不完的豆渣可以下餐吃。

*4.* 餘下的杏鮑菇切成小丁，鍋裡煮開後，放入菇丁煮，加少許鹽。

*5.* 煮開後，放入切細碎的菜心，攪勻煮開即可，菜心不用久煮。
　　 微辣挑逗著菇香與豆香，Q 彈的菇粒碰撞爽脆的菜粒，還沒吃完
　　 就開始盼著下一餐。

# 隨身迷你鍋

　　出門在外,不想委屈自己的一日三餐,可以帶上一口鍋。

　　某次出差,做了這一鍋,順便用手機拍了食譜,老闆吃著吃著快哭了,
說從沒吃過這麼好吃的。

## 食材

主角:番茄、香菇、馬鈴薯、豆腐、綠葉菜。
僅供參考,實際可以就地取材,有啥做啥。
客串:芝麻醬(或芝麻花生醬)、有機赤
　　　味噌。

把來回餐館的時間,用於來回菜場。把點菜
等上菜的時間用於做菜,還比上餐館省時、
省錢。我們最近的一處賣菜的,只有一個 2
平方米小攤,但這足夠了。

## 看圖做菜

*1.* 把綠葉菜洗淨。

　今天我們買的是生菜。洗菜用的是一個矽膠折疊盆,折
　起來只有一兩公分厚,放行李箱不佔地方,洗菜洗水果
　都方便。

*2.* 番茄、豆腐、香菇切小塊,馬鈴薯去皮切片(易熟)。

　有次買菜板時送了一塊很薄的塑膠菜板,放行李箱完全
　可忽略重量。網上有很多便攜的菜板可選擇。刀不好帶
　上火車飛機,可以到了現場借或買一把水果刀。或者帶
　一個刨,水果可以刨皮,馬鈴薯等可以刨片,再多挑些
　用手就可以掰開的食材。

*3.* 用電煮鍋燒開水後,把除綠葉菜以外的全部材料放
　　入開始煮。如果材料太多,則要分批放入。

　自帶一個小的電煮鍋(放進行李箱不佔地方,鍋裡面空
　位還可以放些別的物品)。

*4.* 香菇和番茄可以令湯非常鮮香。煮開後,放入綠葉
　　菜,稍煮即可撈起來吃,其他材料還需要煮久一點。
　　豆腐煮到起泡泡更是好吃。

*5.* 問題來了。這無油無鹽清水煮,好吃嗎?

　答:準備一瓶醬。我用的是芝麻花生醬(無添加),與有
　機赤味噌,兩者混勻即可。

為減少行李，我提前把兩種醬混好裝了一瓶，比例大概味噌占三至四成，常溫保存幾天沒問題。挖一些醬在飯盒裡，在鍋裡舀一兩匙湯把醬化開就可以準備開吃。飯盒是朋友斷捨離送的一個塑膠保鮮盒，密封性好。若還嫌占地方可以用矽膠折疊飯盒，折後只有一兩公分，女生的小包也放得進。湯匙、筷子、叉子、不銹鋼吸管（也許遇上賣椰子的用得著）等可以裝入一個抽繩小布袋隨身帶，免得放在飯盒裡一走路就叮匡響。這些東西即使在外用餐也隨身帶，因為很多餐館只有一次性餐具。

6. 把煮好的菜夾出來，蘸著醬吃。味噌是鹹的，所以湯裡沒放鹽。

賣相不講究了，但味道卻把老闆感動了，連湯都喝光，第二天還自己動手做了一次，最後連沒吃完的醬都給拿走了。這是我喜歡的一種吃法。簡單點也可以買一包鹽，湯裡放點鹽；或者買一小瓶醬油，淋醬油吃；或其他自己喜歡的醬料。吃法和食材都是多樣的。

7. 問題又來了，吃得飽嗎？這沒做飯呢？

答：一定要吃米飯才能活的，可以帶一個雙層小蒸鍋解決飯菜。

因為米飯已經不是我們的必需品，所以選擇小煮鍋，不僅更快捷，也有更大的做菜自由度。馬鈴薯等澱粉多的食材可以代替米飯擔任「碳水化合物」的角色。也可以帶點燕麥片、藜麥等，放在鍋裡一起煮，快捷又營養。水果也能擔任碳水的角色，最好先吃水果（或打成果昔），吃完過一陣再吃熟食。這一餐營養基本是全面的，怕老闆突然吃得太清淡少油，另準備了些核桃，在水果店也能買到。圖中的「紅酒」是一台可攜式果汁機打的，甜菜根香蕉汁。需要喝酒的場合，我是不是可以拿它應付下？還有用電池免插電的果汁機，在火車上、機場都可以用。所以，我們沒有理由再委屈自己了。

# 讀者故事

## 蔬食烹飪小白有了下廚的自信

文 /Ariel Han

　　遇見「素愫的廚房」之前，我還不知道蔬食可以如此簡單又美味。跟著素愫學做菜，讓我從一個蔬食烹飪的小白，一點點找到了下廚房的信心。

　　食譜中多是常見的時蔬堅果種子，有時恰好冰箱裡就有，需要用到的調料少之又少──沒有太陌生的食材和令人望而生畏的繁雜步驟，很容易鼓起勇氣動手嘗試。漸漸地，嘗到了純天然植物的清香，心中也常常湧動著一波又一波的感動。

　　這一年的夏天，氣溫特別高，一動彈一身的汗，時常懶得下廚，也沒多少胃口，還好有素愫的繽紛藜麥碗，既解渴又營養豐富，先生孩子一起喝起來。

　　以前從沒做過無糖、無油、免烤的甜品糕點，跟著素愫學會了山藥椰棗糕，給娃當零食，心中就竊喜：這麼好吃易做又無添加的美食可被自己遇到了。

　　做南瓜百合羹，第一次嘗到了生食百合的香甜味兒，心裡生出一股感動，開始感知到素愫開創食譜時的那份愛心。

　　今年的中秋節，真想不到我這個懶人居然還做起了月餅（註），這份動力除了源自對健康蔬食的執著喜愛，再就是素愫那麼體貼為我們研發的極簡配方了。

　　當我嘗到第一口餡兒的時候，感動得流下了眼淚──沒想到，我也能做出那麼好吃的月餅！同時，也享受到了看著孩子一趟趟往廚房跑，偷餡兒吃的滿足感和幸福感。

　　在我的推薦下，許多非素食的帶娃媽媽也被素愫的蔬食吸引。打開素愫的廚房，看到熟悉的食材、極簡的做法、娓娓道來的故事，瞬間，你可能就被那安靜的氛圍所吸引，不知不覺地開啟蔬食人生的新篇章。

---

註：中秋月餅是素愫的新食譜，未收錄於本書，可關注微信公眾號「素愫的廚房」。

我們需要的是脂肪

不是裝在瓶子裡的油

無油烹飪的美味已經超越想像

漸漸過渡

從少油開始

五色什錦蔬

2018 年春節期間，想著大夥少不了比平時更飽口福，就做了一盤高纖雜蔬，順便搭配下色彩，這樣才好在餐桌上更出色。

---------- 食材 ----------

主角：西芹、紅甜椒、黃甜椒、白
　　　玉菇、黑木耳。

客串：燕麥片（可選）、油、鹽、
　　　黑胡椒（可選）。

---------- 看圖做菜 ----------

*1.* 燕麥片加適量水，用強馬力料理機打成漿，打久一點才細滑。
　　粗纖維的菜容易嚼得下巴疼，加點芡汁可以變柔滑些。

*2.* 紅黃甜椒各半個，西芹 1~2 根，白玉菇一把，黑木耳數朵泡發洗淨，全切成小粒。
　　黑木耳要現泡現吃，不可久泡，以免產生毒素。西芹我切得太厚，建議縱向一分為二後，儘量切薄片，這樣味道好點。若在意顏值，黑木耳不要太多。

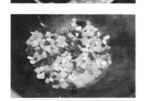

*3.* 鍋燒熱，滴入少許油，倒入西芹和紅黃椒，加少許鹽，翻炒一小會兒。

*4.* 加入白玉菇和黑木耳翻炒一小會兒，再加少許鹽，可磨些黑胡椒，加入適量的燕麥漿，半淹食材即可，稍煮收乾汁關火。

*5.* 盛入盤中，細細咀嚼。

# 孜然杏鮑菇

我在廚房做這個菜，外面的人一直哇哇叫：「太香了！」

剛出鍋，一夥人哄搶，然後說，太像肉了，怎麼辦？

馬上去買杏鮑菇，誘惑家裡還沒吃素的人。

朋友天天買杏鮑菇，於是賣菇的老闆學會了這道菜。

---------- 食材 ----------

主角：杏鮑菇、孜然半粒。

客串：油、鹽。

在這裡，孜然半粒比孜然粉更有滋味。

---------- 看圖做菜 ----------

*1.* 杏鮑菇洗淨，切成約半公分厚的圓片，兩面都切成網格花紋。下刀要輕，不要切穿了。兩面均勻抹上少量鹽。

*2.* 平底鍋燒熱，刷上少量油，擺上菇片，稍煎後翻面。

*3.* 可能會出一些水，燒至水快乾時，將孜然半粒均勻撒在菇上。

*4.* 持續用中火煎，依需要翻面，至雙面略微焦黃，再撒些孜然半粒，出鍋。

# 素喜丸子

一聽說我要出差，小夥伴就送來了帽子、手套、厚襪子、便攜飯盒等。果然人間有真愛啊！

其實她是強調資源分享，凡可以不買的，就不買。據說她身上穿的衣服，基本上都是朋友淘汰的。在她的影響下，我也開始穿起朋友的閒置衣服了。

每件商品的背後，都是資源的消耗、汙染的產生。我們只有一個地球媽媽，愛她，就心疼她。

·········· 食材 ··········

主角：藜麥、豆腐乾、香菇、芹菜。

客串：有機醬油。

用有黏性的灰色藜麥，脆脆的三色藜麥就不太好做丸子啦。

·········· 看圖做菜 ··········

1. 藜麥浸泡幾小時發芽，再淘洗乾淨。

2. 燒開水煮熟藜麥。

   水不要太多，剛沒過藜麥一點就好，使煮熟後呈較乾的粘稠狀態，注意攪拌。熟了停火後在鍋裡繼續燜一會兒，會變得更黏稠。

3. 香菇和豆腐乾切成很細的粒，量多可以用碎菜機。淋上少許有機醬油，拌勻。

4. 鍋裡放少許油燒熱，將香菇豆腐碎炒熟，再加入芹菜碎炒勻，關火。

5. 將炒好的蔬菜和藜麥混合均勻。

6. 取一些食材，用手捏實，搓成丸子，即可享用。冬天可蒸熱再吃。

   可以燒些芡汁澆上。又或者你和我一樣，偏愛這簡單的清爽。

# 竹笙燒茄子

　　竹笙頗有親和力，就跟豆腐一樣，能融合搭檔的美味，又不搶別人的風頭。

　　家裡平時備著些乾貨，不夠菜時加上一把，就有了山珍一味。

若不吃辣，省去便是。

---------------------------- 食材 ----------------------------

主角：茄子、竹笙、朝天椒。

客串：薑、油、有機醬油、
　　　有機陳醋（或檸檬）。

---------------------------- 看圖做菜 ----------------------------

1. 竹笙用清水泡幾分鐘，清洗乾淨捏乾水，切去尾部硬
   的一塊，切成長段。（網狀部分我留著下次吃了，為
   了拍照啊……）

2. 茄子切成條。蒸鍋水燒開後，把茄子直接放在蒸格上，
   蒸至軟熟，三五分鐘就可以了，比放在盤子裡蒸要省
   時許多。

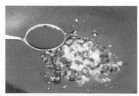

3. 生薑去皮拍扁剁成薑蓉，朝天椒切成小圈。鍋裡放少
   許油燒熱，倒入薑與椒炒香。

4. 加兩匙水，少許醬油、陳醋，或擠入檸檬汁代替醋。

5. 倒入蒸熟的茄子和竹笙，翻勻即可，酸辣可口好下飯。

# 三椒腐竹

　　有時候試出一道好吃的菜，又覺得這菜太簡單了，以至於我在糾結，要不要放出來挨打……

　　其實做點食譜挺不容易的，尤其剛開始那陣，滿大街都是批評的理由：

　　簡單的，說沒創意，不想做。

　　複雜點，又嫌麻煩，懶得做。

　　常見食材，說沒興趣。

　　沒見過的食材，又說不認識。

　　要用到料理機什麼的，說做一道菜還得買台機器，還是算了吧……

　　後來被埋怨得多了，變堅強了，凡是我認定符合自己標準的，就扔出來。自由戀愛嘛！只要還有一個人要看我的食譜，就沒白忙活。

菜一上桌被搶光，是所有主廚最喜歡的畫面。

---

### 食材

主角：腐竹、鮮香菇、青椒、紅椒。

客串：薑、油、鹽、有機醬油、黑胡椒。

---

### 看圖做菜

*1.* 腐竹泡至柔軟飽脹，撈起切成長段，放入常溫水中，開火煮至柔軟，皺褶部分可以單獨多煮一會兒。

*2.* 青紅椒去蒂和籽，切大塊，香菇去根切片，薑去皮切片。

*3.* 鍋裡放少許油燒熱，把薑和香菇炒香。

*4.* 加入青紅椒翻炒數下。別炒太久，辣椒軟了不好吃。

*5.* 倒入腐竹，加入適量的鹽、醬油，磨入黑胡椒，翻勻即可。

# 蓮子炒蘆筍

老媽常失眠，我在給她的食療方後面留了一句：「智商高，是硬傷。」
老媽看了留言，還挺樂呵。雖有安神食物如蓮子等，少琢磨事才是正道。
天大的事，大不過睡個好覺。這是兩年多前寫的一段話。
現在老媽也執行「低脂全蔬食」，睡眠品質好多啦！

蓮子常做甜點，比如蓮子桂圓湯，安神效果好。今天換個鹹味吃法。

---------- 食材 ----------

主角：新鮮蓮子、蘆筍、紅椒。

客串：油、鹽。

---------- 看圖做菜 ----------

1. 新鮮蓮子對半剖開，取出蓮芯，蒸鍋水開後，放入蒸熟，約需 15 分鐘。

2. 紅椒去蒂去籽，切成小塊。

3. 蘆筍切兩段，頂部用開水焯熟，留作裝飾。其他部分斜切成小段。根部老的部分可削皮，或切下留作打蔬果昔。

4. 蒸熟的蓮子取少部分，壓成泥，加入少量水和鹽，調成芡汁。

5. 燒熱少許油，倒入紅椒翻炒數下，倒入蘆筍炒勻，加入芡汁。

6. 加入餘下的蓮子翻勻，停火。裝盤，擺上蘆筍段。

# 極香馬鈴薯餅

　　這才是真的馬鈴薯餅，而不只是「有馬鈴薯的餅」，香酥軟嫩中，隱約著一絲脆甜。

　　此味須在鍋邊嘗！都說馬鈴薯餅好好吃，但有朋友說餅餅太濕，或太軟不好翻面。念叨幾點：選澱粉含量高的馬鈴薯；連皮蒸似乎比去皮蒸要好；馬鈴薯切塊不要太小太薄；直接放在蒸格上，不要放在盤子裡蒸；蒸的時間不要過長，熟了即可。以上幾點都是為了避免馬鈴薯泥水分過多。再有就是：配菜不要過多，且切得儘量細碎一些；捏餅和煎的時候需要少許耐心。

　　最後：萬一形狀不佳，請忽略顏值，味道好就夠了嘛。

有人說，鍋邊吃容易上火吧。確實，有時不能太貪美味，悠著點兒。

---------- **食材** ----------

主角：馬鈴薯、胡蘿蔔、捲心菜。

客串：鹽。

---------- **看圖做菜** ----------

*1.* 馬鈴薯洗淨連皮切小塊，鍋裡水開後入鍋蒸熟，去皮壓成泥。

*2.* 剝幾片捲心菜洗淨，去除硬芯，切成碎粒。

*3.* 胡蘿蔔去皮切成碎粒，與捲心菜混合，加少許鹽拌勻。

*4.* 捏一把馬鈴薯泥，在蔬菜碗裡粘上蔬菜碎，捏勻搓圓。

*5.* 在手心壓扁，將周邊裂開的用手攏平，做成一個個小圓餅。

*6.* 平底鍋刷少許油，放入餅，上面再刷少許油，中火煎。

*7.* 一面煎黃後用鏟子翻面。馬鈴薯餅很鬆軟，翻面時要小心點。兩面煎黃就可以了！

鍋邊偷吃，小心燙嘴！

# 絲瓜草菇白芸豆

我剛說不要做意念派，朋友說：「你的每道菜，我都用意念吃過了。」

她和公公婆婆同住，婆婆壟斷廚房大權，全家只有她一個人吃素。所以她只能用意念，品嚐我的每一道菜，還告訴我：「我最喜歡那個茄汁小扁豆湯。」說得好像她經常在吃的樣子。

好在經過幾年的努力，她家裡的餐桌上總算有了一部分蔬菜，比起以前只能吃白米飯＋青菜，已經很小康了。

可是，儘管婆婆的糖尿病已經嚴重到要打胰島素，婆婆和家人還是不知道（不相信）改變飲食就可以逆轉糖尿病，甚至還改不了往菜裡加白砂糖的烹飪習慣……

越親的人說的話，我們越聽不進。於是我總忍不住轉發低脂全蔬食逆轉糖尿病的相關資訊，希望有一天，能有一個「別人」，讓朋友的婆婆相信了，改變了，健康了。

看一眼，晶瑩圓潤；咬一口，粉粉糯糯。這顆豆子太迷人。

---------- **食材** ----------

主角：絲瓜、草菇、白芸豆。

客串：枸杞子、油（可選）、鹽。

---------- **看圖做菜** ----------

*1.* 白芸豆用清水浸泡一小時或更久。加水，用電壓力鍋煮熟。

如用壓力鍋，煮至冒蒸汽後轉小火煮 20 分鐘左右，直到豆子胖嘟嘟，吃起來很粉糯，才最美味，且熟透才可安心食用。

*2.* 草菇去掉根部黑色部分，對半切開。

絲瓜用刀輕刮去表皮，保留皮下綠色部分，切成滾刀塊。枸杞子用潔淨能喝的水泡發。

*3.* 鍋裡放少許油燒熱，倒入草菇翻炒。

其實很多炒菜，都可以試試不用油，只要食材不太粘鍋子。必要時（比如鍋太乾了），點少許水或湯起到潤滑作用，就可以省去油了。

*4.* 鍋裡溫度再升高時，倒入絲瓜，炒到開始變軟。

*5.* 倒入豆子和煮豆水，加少許鹽，煮開後轉小火。待絲瓜煮至自己喜歡的軟硬程度，留些湯汁，關火。

*6.* 加入枸杞子，盛起。

菜裡有三枚笑臉，有人說像外星人。能吃嗎？

# 素的小炒肉絲

非常好吃的小炒肉絲，關鍵還零膽固醇。

有朋友說，菜名不要出現動物，不喜歡！

好吧我改，但「肉」不一定是動物，「剝了果皮吃果肉」，養兩盆「多肉植物」……

名字繞口，是「素的小炒肉絲」，不是「小炒素肉絲」，免得誤會是仿葷製品。

·········· **食材** ··········

主角：杏鮑菇、青椒、紅椒。

客串：油、有機醬油、黑胡椒、鹽（可
　　　選）。

·········· **看圖做菜** ··········

*1.* 把杏鮑菇用手撕成條。

　　這是超贊肉絲口感的關鍵，若用刀切，會硬許多。

*2.* 菇絲的長度大約是一根辣椒長度的一半。

*3.* 青椒紅椒去蒂去籽，切成和菇絲差不多長的細絲。鍋
　　裡放少許油燒熱，倒入辣椒翻炒數下，盛起。

*4.* 鍋裡放少許油燒熱，倒入杏鮑菇絲，炒至變軟，加入
　　適量醬油，添色，添香。

*5.* 倒入辣椒炒勻。是否加鹽，視醬油的鹹度和自己的口
　　味。磨入黑胡椒碎，炒勻關火。

# 豆腐碎碎念

做菜嘛,好吃健康是王道,高大上沒有用。

人高貴,吃什麼都高貴。

炒豆腐碎是小時候愛吃的一道菜,通常有肉末,其實素的更好吃,做起來還輕鬆。

加點麻辣，是不就是麻婆豆腐？

食材

主角：豆腐、胡蘿蔔、香菇、香菜。

客串：油、鹽、有機醬油、黑胡椒
　　　（可選）。

看圖做菜

1. 胡蘿蔔去皮，用刨絲器擦成細絲，再切成小粒（這樣比
全程刀切的更細碎，當然，也許是我刀功不好）。香菇
切去根部黑色，切成小粒。香菜去根切碎。

2. 鍋裡放少許油燒熱，倒入胡蘿蔔和香菇稍炒至縮水後，
加少許有機醬油炒勻。

3. 豆腐整塊丟入，以鍋鏟切碎豆腐，加鹽，炒勻。
有朋友說加了一匙米湯，更讚了。但凡炒菜，若當餐正好有
煮湯，添上一匙，便是錦上添花。

4. 加入香菜碎翻勻，關火，磨些黑胡椒碎，趁熱吃，味道
都在溫度裡。

# 小炒四季豆

　　火車上，旁邊的阿姨和我聊了一路，說回家後就讓家人都吃素。但問題是，你說做出的素菜，比肉還好吃，那怎麼可能呢？

　　當然，素菜本來就比肉好吃！肉類需靠調料掩其劣勢，蔬食卻憑調料錦上添花。

　　最寡淡的四季豆，也能贏得這場辯論。

試吃官說，這菜叫「宮保雞丁」，保護雞的「保」。

---------------------------------- 食材 ----------------------------------

主角：四季豆、香菇、紅椒。

客串：薑、有機豆瓣醬、油。

---------------------------------- 看圖做菜 ----------------------------------

*1.* 四季豆理去兩頭的筋，放入開水鍋焯熟。

四季豆須煮熟才可安心食用，直接下油鍋炒較難熟，先用開水焯熟，省時又易入味。

*2.* 撈起放入涼水中降溫，切成丁。這個步驟可以讓色澤和口感更好些。

*3.* 鍋裡放少許油燒熱，炒香薑蓉（薑去皮，拍扁，剁成蓉），再將提前切好的香菇粒、紅椒粒倒入，翻炒一小會。

*4.* 倒入豆角丁，加入適量有機豆瓣醬，炒勻。

我的鍋很舊了，放的油少，出現了一點粘鍋，加少許水或湯可解決。看來一把好鍋很重要，省時省油味道好。

*5.* 豆瓣醬夠鹹，不用加鹽，豆角也入味，香菇丁完勝肉丁。

# 紫蘇猴頭菇

某日出遊，偶遇一隻極漂亮的貓咪，山清水秀間活得悠然樂哉。我和朋友像狗仔隊一樣，拿相機追著狂拍。

拍完各種萌態不過癮，我抱起小貓，他時而雙手溫柔抱緊我，時而豎起身子與我四目相對，含情脈脈。路人驚呼：「你怎可抱得到他？」

剛才一直拍不到貓咪，對我羨慕嫉妒恨的朋友，趕緊抓住機會一通猛拍，然後說：「這回我不得不相信了，你說的能量高低，真有那麼回事。你看小貓就親你，我想拍張照片，他都不給我個正臉呢！」

「因為我是吃素的呀！」

於是朋友也吃素了，要不然下次跟我 PK 攝影技術時，又得落後了，模特會偏心。

孜然猴頭菇串確實可以 PK 羊肉串，換紫蘇搭配，不油炸，又是另一種風味。

---------- 食材 ----------

主角：猴頭菇（乾或鮮）、紫蘇。

客串：油、鹽，黑胡椒、白芝麻（可選）。

---------- 看圖做菜 ----------

1. 乾菇用清水泡發半天，去除硬的根部，換水清洗至水變清。鮮菇省去此步。

2. 摘下紫蘇葉子，洗淨切碎。

3. 將泡好的菇或鮮菇放入開水中煮軟，撈出菇放涼水降溫後，擠去水。不要擠太乾，稍留些水分。

4. 撕成小塊，用適量的鹽，現磨黑胡椒碎拌勻。平底鍋刷少許油燒熱，放入猴頭菇中火煎，加入部分紫蘇葉，適時翻面。如果鍋裡太乾，中途可以灑少量水，煎至菇熟。

5. 起鍋前加入餘下的紫蘇葉，磨一些黑胡椒碎，裝盤後撒上白芝麻點綴。

# 瘋狂釀辣椒

今兒分享一些祕密，看完都能成廚神。

首先感恩我的媽媽，給家人用心製作每一餐的美食，讓我在耳濡目染中從小就愛上烹飪。當我也做了媽，想給娃娃做好吃的，遇到自己不會做的，媽媽就把詳細過程寫一封郵件發給我。那時沒有智慧手機拍照，一切全靠文字描述。長篇的文字看得我發怵，遲遲不肯動手，媽媽就會鼓勵：其實說起來複雜，做一次就很簡單了。

果然如此。我記得第一次蒸饅頭，第一次做豆腐，原來真的好簡單。剛開始時，對待配方比例總是誠惶誠恐，其實做熟了只需憑感覺，更能享受其中樂趣。有了基礎版本後，儘管延伸各種奇葩變化，做成了就賺了，做砸了也沒什麼損失。

烹飪的世界裡，沒有「失敗」一詞。做得和預期不一樣，那就是另外一種美食。許多絕世美食，不都是一時「失誤」而成？也無需想著，要做得和哪個廚神的食譜一樣，因為那是不可能的。我自己也無法把同一款菜，每次都做得一模一樣。

能夠複製的是產品，不能複製的是藝術。

吃素以後，好久沒吃釀辣椒，某天突然醒悟，做個素的不就得了？

## 食材

主角：青椒、較乾的豆腐或豆干、杏
　　　鮑菇。

客串：油、鹽、黑胡椒（可選）。

## 看圖做菜

*1.* 用手反覆捏碎豆腐。杏鮑菇切成小碎粒。將菇與豆腐
　　混合，加入鹽，磨入黑胡椒碎（可選），拌勻。

*2.* 取出辣椒籽：一手拿辣椒，另一手捏住柄往裡用力塞，
　　待柄脫落再往外拔出即可。

　　貌似這次買的辣椒不是很理想，有些籽斷在了裡面，動用
　　了剪刀將其清理乾淨。頂部凹陷的那種辣椒應該好弄些。
　　根據自己喜歡辣的程度選擇不同的辣椒。把裡面的筋和籽
　　清理乾淨並用水沖洗，可以減辣。

*3.* 用筷子把餡料填進去。儘量往裡填緊，少留空位。

*4.* 平底鍋刷層油燒熱，放上辣椒，中火煎，辣椒上面撒
　　點鹽。

*5.* 煎一會兒後翻面，上面再撒點鹽。每個辣椒熟的速度
　　可能不一樣，調整翻面，總之兩面弄熟就可以了。

　　在此期間，餡料可能會掉出一些，趁沒人看見，趕緊放嘴
　　裡吧，我真的不是饞！只是想出鍋後擺盤整潔點。

# 酸甜藕碎

友問：吃素如何長胖？因為稍有一點瘦，家人就來攻擊。

我答：作為一個初級素食者，你必須：

不能太胖，不許太瘦，

不能長斑，不許冒痘，

不能感冒，不許咳嗽，

不能發火，不許難受，

否則一切都怪你沒吃肉！

既如此，不如安心吃菜，簡單享受。

送上一道酸甜爽脆，就此忘了所有流言蜚語。

........................................ **食材** ........................................

主角：蓮藕、椰棗、生菜、不辣的
　　　紅椒。

客串：鹽、油（可選）、陳醋（可
　　　選）、白芝麻（可選）。

........................................ **看圖做菜** ........................................

1. 生菜洗淨準備生吃。可以在水裡兌入環保酵素，浸泡 45 分
   鐘，再用流動的水每片認真沖洗。擺一些菜在盤中，其餘
   備用。

2. 紅椒去蒂和籽，切成很小的粒。

3. 椰棗去核稍切小。加適量潔淨能喝的水，用料理機攪拌成
   濃糖漿。一節中等大的藕大約用五六顆棗。

4. 蓮藕去皮，切成半圓形的片或小條，用刀略微拍碎。不用拍
   得粉碎，大致有部分破碎即可，這個步驟可以讓口感更好。
   然後切成細碎粒。

5. 鍋燒熱，滴少許油（鍋不粘的話，油可省），倒入藕碎，
   加適量鹽炒熟，約 1 分鐘。

6. 加入紅椒，倒入糖漿翻勻。如果稠度合適即關火，如果太
   稀則小火收乾。加入適量陳醋，翻勻，不喜歡吃醋的可省。

7. 裝盤，撒些白芝麻。

   重點是吃法：一手拿一片生菜葉子，另一手取湯匙舀藕碎堆滿在
   菜上，進嘴時要連菜帶餡兒一起咬……坐穩了，別好吃得從椅子
   上掉下來了。

04 拌

愛你

不是因為你最完美

而是因為和你在一起

我能成為更好的自己


相愛

不是愛著對方

而是和對方一起

愛著這個世界


因為相愛，所以相伴

# 中式蘆筍沙拉

我爸媽要形容一道菜極不好吃，就說：「簡直就是水煮鹽拌的。」

這道菜就是水煮，鹽拌都沒有，卻深得我媽歡心，我爸號稱全球第一挑剔主兒，也頻頻重複點單。

為水煮菜平反，我們只用美味講道理。

朋友說，等做好了給它取名「碧筍紅羅衫」，要全方位取悅自己。

---------------------------------- 食材 ----------------------------------

主角：蘆筍。其他爽脆蔬菜，如秋葵、
　　　甜椒、綠花椰等也可以。

客串：油、薑、紅椒、有機醬油。

---------------------------------- 看圖做菜 ----------------------------------

1. 薑去皮拍扁剁成薑蓉，紅椒去蒂和籽切成小塊。鍋裡放少許油燒熱，炒香薑蓉，再倒入紅椒翻炒一小會兒。

2. 盛在碗裡，倒入適量有機醬油，拌勻。

3. 蘆筍根部如有老的部分，可削皮，或切去留著打蔬果昔。每條蘆筍切成兩段。水燒開，放入一半切斷的蘆筍用大火煮，等水再開時迅速撈起。

4. 投入事先準備好的冰水中。沒有冰水可放入常溫水降溫，然後拿出在水龍頭沖淋降至常溫。

　　入冰水除了令色澤鮮亮，口感脆嫩外，迅速降溫能阻止高溫繼續破壞食材營養。如果焯水的動作夠快，焯過水的蔬菜可能仍含有部分酵素。我試著用這樣處理的紅甜椒做環保酵素，發現它依然發酵活躍。

5. 用同樣的方法，處理另一半蘆筍。

　　分兩次處理是為了縮短焯水過程，如果一次放入所有食材，等待水燒開的時間會比較久。

6. 蘆筍擺入盤，放上薑蓉。

　　爽脆成鮮，百吃不厭。

花生伴豆芽

戒不掉炸花生米的癮，嘗了第一顆，就不能忍住第二顆，直到遇見這款小清新，終於放下所有掛念。

---------------------------------- 食材 ----------------------------------

主角：帶殼生花生、綠豆芽。

客串：香菜、薑、油、有機醬油、有機陳醋。

---------------------------------- 看圖做菜 ----------------------------------

1. 帶殼花生加適量水，用壓力鍋煮熟。

    冒蒸汽後轉小火煮了8分鐘，軟硬剛好。

2. 剝出花生米。

    左：先煮再剝殼。右：先剝殼再煮。對比就知道連殼煮的好處。

3. 水燒開，倒入豆芽，蓋上鍋蓋大火煮，水開即離火，迅速倒入漏水容器（如果用筷子夾，有點慢，火候易過）。讓豆芽瀝乾水，並用筷子劃散，使之更快散熱。

4. 煮花生時處理配料：薑去皮，拍扁，切成薑蓉。香菜去根洗淨，切碎，放進大碗。

5. 鍋裡放少許油燒熱，炒香薑蓉，倒在香菜碎上，倒入適量醬油和陳醋。

6. 把豆芽和花生倒進香菜碗，拌勻。

    找間愛巢，相依相伴。

# 橙香麻醬菠菜

　　300 人的婚宴上，一個人專享 10 道與眾不同的精緻美食，是一種什麼樣的體驗？

　　我朋友剛剛親歷了一回，事情是這樣的：

　　接到表妹的婚宴邀請，她羞澀地表達了自己吃素的要求，酒店立即修改了菜單，這姑娘甚是感動。本來只期望，桌上出現些許素食，不至於要斷食一餐，婚宴開始才知道，酒店專門為她準備了 10 款素菜，因為全場只有她一人要求純素。

　　她說：「尷尬了！新娘是動物保護協會的，這裡卻沒有人吃素。」我非常好奇的是，他們是如何給你上這 10 道菜的呢？（吃得完嗎⋯⋯）

　　朋友發來照片，原來這 10 道素美食超精緻，每上一道菜，旁邊的七姑八姨都發出一陣驚歎聲。

　　感受到表妹和酒店對自己的尊重，姑娘一直在感動。我說：「你儘管感恩，但也別太受寵若驚，獲得素食餐飲是你作為一個公民的正當權益。」

　　相信有一天，我們不再需要為了素食提前申請，因為素食就是主流。

調了一碗橙香芝麻醬，好吃到心花怒放，感覺一醬在手，百菜莫愁。

橙香麻醬菠菜

······ 食材 ······

主角：菠菜、紅椒。

客串：甜橙、芝麻醬、鹽。

······ 看圖做菜 ······

*1.* 半個柳丁加一兩匙潔淨能喝的水，用強馬力料理機打成橙汁。挖幾匙芝麻醬，添加少量橙汁攪勻。

*2.* 品嘗，添加橙汁，攪拌，再品嘗，直至滿意味道，加少許鹽攪勻。
厚重的芝麻醬變身清新可口，此處必有偷吃。

*3.* 紅椒去蒂去籽切成細條，水燒開後放進去焯一下，撈起瀝乾。

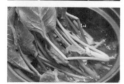

*4.* 菠菜洗淨，保留根部。水開後，將菠菜根部先入水，煮至水開後再將全部菜入水，稍煮至滿意的程度，撈起。

*5.* 把菠菜和紅椒放入盤中，為了圖片需要，把醬調稀點淋在菜上。
真相是這樣的：調一碗比較稠的醬，吃時先夾一筷子菜，再挖一匙醬塗上，嘴巴填得鼓鼓的，想說好吃都開不了口了，悶頭吃吧！

紫蘇溫中散寒，香氣襲人，做涼拌菜別有風味。

········· 食材 ·········

主角：鷹嘴豆皮、紫蘇、紅椒。

客串：芹菜、白芝麻、有機醬油。

········· 看圖做菜 ·········

*1.* 紅椒去蒂去籽，切成細細的絲。

*2.* 摘下紫蘇葉子洗淨，切成細絲，和紅椒絲放一起，
倒入適量有機醬油，醃製十來分鐘。

*3.* 鷹嘴豆皮用潔淨能喝的水浸泡數分鐘至柔軟，撈
起輕捏擠去水分，放在盤裡。
喜歡口感軟可以泡久點，或用熱水泡，或者煮沸一會
兒即可。

*4.* 芹菜稈洗淨，切成細細的粒。白芝麻小火炒香。

*5.* 醃好的紅椒紫蘇和醬汁一起倒在豆皮上，撒上芹
菜粒和芝麻粒。

*6.* 拌！吃！香！

# 青蔥歲月

　　我從來都不喜歡藜蒿的味道，只是一旁買菜的大媽說了句：「這個拿來炒臘肉。」於是我想做出更好吃的，完全忘了我不喜歡藜蒿這件事。

　　認真發呆想了半夜，快睡著時突然有了主意，迷糊著眼爬起來，寫在小本上，怕一覺醒來忘了。

　　第二天試做出來，我直接被迷倒，試吃群眾也連聲讚歎。總是會有一些味道，在自己不經意時，驚詫了舊時光。

即便前半生從未愛過的，下一刻或許就會愛上。

## 食材

主角：藜蒿、金針菇。

客串：鹽、有機醬油。

## 看圖做菜

1. 藜蒿切成長段（根部如有老的部分切去）。水燒開，放入一匙鹽，放入藜蒿煮至水再沸騰後，再煮數秒撈出放入碗中。

2. 金針菇切去根部，撕開粘連部分。煮藜蒿的水再燒開後，放入菇煮至水再沸騰，再煮半分鐘撈出，放入藜蒿碗中。

3. 用少量有機醬油，將兩種食材拌勻。焯水時已放過鹽，醬油只需少許。

4. 入口的瞬間，想到一個詞：完美戀人。

它們有共同點：脆的口感，苗條的身形。也有不同之處：一個硬朗，一個柔嫩；一個微微的苦，一個絲絲的甜。

獨自不算精彩，在一起如此驚豔。最好的愛，大概如此。

生食

就是有生命的食物

因為你我都不會生啃動物

所以通常指未經加熱至 41℃以上

含豐富酵素的蔬食

彩色・生食・熱乾麵

自從做了這道菜，我腦海裡常出現這樣的畫面：

高速行駛的火車上，列車員啤酒飲料瓜子花生速食盒飯的叫賣聲中，我左手拿出一樣東西，右手掏出一隻小刨刀，刷刷刷幾聲，新鮮麵條掉落在小盆裡。再從瓶中挖出一匙神祕醬料，嗖嗖嗖幾下拌勻，車廂裡飄蕩起誘人的香。我又拿出免插電果汁機，嗡嗡嗡一陣，一瓶色彩鮮豔的果汁出現在眼前。

我整了整衣襟，開始專心享用鮮果汁配熱乾麵，毫不察覺四面八方投射來的驚詫目光。

剛才的一幕，被好事者用手機拍攝下來，傳到了網上……你們說，我會不會就此網紅了？

可以隨時製作的美味，就算人在旅途，也有佳餚相伴。

······· **食材** ·······

主角：櫛瓜、胡蘿蔔（可選）。

客串：芝麻醬或芝麻花生醬、有機
　　　赤味噌、松子／白芝麻（可
　　　選）、黑胡椒（可選）。

食材一定要新鮮，像圖中這個胡蘿蔔，
就不是很理想。

芝麻花生醬可以自己用強馬力料理機
打，也可以買現成的，選擇沒有添加劑
的。有機赤味噌在超市和網上可買到，
要看成分，有些可能含有動物成分。

······· **看圖做菜** ·······

1. 櫛瓜用環保酵素浸泡洗淨，用刨絲刀刨成細長條狀。
   餘下不好刨的，可以用刀切成細條。

2. 胡蘿蔔洗淨去皮，同樣刨成細長條。

   胡蘿蔔口感稍硬，主要用來增加顏色，分量不要多。

3. 加幾小匙芝麻花生醬，一兩小匙赤味噌（味噌有鹽，
   放多了會鹹，注意把握）。也可以用其他自己喜歡的
   醬料。

4. 用筷子細心將醬拌勻，可以在大碗裡開吃，也可以來
   點儀式感，把麵條移到一個盤裡，磨些黑胡椒碎上去，
   味道更有層次感。

   圖中有松子，本是為點綴，其實有些膩，可以省去，或者用
   幾粒白芝麻即可。

   有武漢妹子吃過說，妥妥的熱乾麵！而且好消化，低熱量，
   無麩質。

# 芒果藜麥沙拉

　　美食如愛情，要親自去戀愛，才知道愛情有多美，沒人能替自己完成
體驗。

　　找到那個對的人，就像獨自甜蜜得有點膩的芒果，遇見一個呆萌爽脆
的小夥伴，馬上就孤單變幸福。

脆脆的三色藜麥，極簡的夏日風情。

### 食材

主角：大芒果、三色藜麥。

### 看圖做菜

*1.* 三色藜麥用清水浸泡小半天，等到露出小尾巴，淘洗乾淨。

*2.* 加適量水煮熟，需時約十來分鐘，煮至顆粒膨脹飽滿即可。

*3.* 倒在網篩上，瀝乾水放涼。

*4.* 芒果肉切塊放盤裡。

*5.* 把瀝乾水的藜麥拌上去。

就這樣簡單，就這樣好吃。

麻醬味噌油麥菜

有年冬天，娃領回家一隻瘦弱的流浪貓。

身上有好幾處大塊的癬，掉了毛，寵物店的人看了說要塗藥膏、戴頸圈、關籠隔離。我逛了逛貓論壇，有各種與貓癬長期作戰的催淚故事——這哪是養貓，簡直是受罪啊。

我琢磨了下，扔了藥膏，摘了頸圈，放棄籠子，任貓自由自在地享受陽光，每日伙食是切碎的新鮮蔬果、海藻等，與素貓糧拌一起，再加上亞麻籽粉、營養酵母粉等，做起了貓咪的健康調理師。

小貓特喜歡營養酵母的味道，我切碎了生的蔬菜，剛打開營養酵母粉的瓶子，他就興奮地衝過來想要搶吃。我不許他坐上灶台，他就按捺住性子，蹲守在我身後的櫃子上，一見我端起碗，就閃電般地衝到位置上守候美食。

然而貓癬舊患未好，還一處處地新增。大夥著急，我說，作為一名曾經的資深皮膚病患者，我判斷，這可能是改吃素之後的排毒現象。畢竟小貓自從吃了我的健康餐以來，便便不臭了，口氣也沒了，一天比一天龍精虎猛。

一段時間後，記不得是一個月還是更久，那些曾經慘不忍睹的癬，已無影蹤，毛毛特別順滑光亮，摸起來跟緞子似的，見過的朋友都大為讚歎。就是個頭長太快，被人調侃要減肥。

> 饞嘴娃們把盤裡剩下的醬汁都舔了，本來可以拿來拌麵的！

## 食材

主角：油麥菜（A 菜）、小番茄。

客串：芝麻醬（或芝麻花生醬）、有機赤味噌。

買味噌注意看成分，有些可能含有動物成分。
芝麻花生醬選擇沒有添加劑的，或者自己親自做。

## 看圖做菜

1. 油麥菜（A 菜）用加了環保酵素的水浸泡約 40 分鐘，再每片用清水沖洗乾淨，掰成小段，裝在一個大碗／盆裡。

2. 取一些芝麻醬和味噌放進菜裡，用手輕捏抓揉菜，使菜與醬混合均勻，菜會漸漸縮水。味噌不要一次放太多，以免過鹹。

3. 待醬與菜完全拌勻即可。

   如果有酪梨，可以代替芝麻醬。挖出酪梨肉放進菜裡，用手輕抓使果肉與菜融合。最初就是這樣愛上生吃油麥菜的。

4. 洗淨小番茄，切片擺盤。

   據資深試吃官點評，最好的品嘗步驟是，兩口菜，一口番茄⋯⋯

# 免煮酸辣麵

大熱的天，誰會樂意在廚房裡烤火？
幸好，還有可以生吃的蔬菜水果。

食材換一個形狀，就像人換一個髮型，感覺很不一樣了。

······ **食材** ······

主角：萵筍（菜心）、朝天椒。

客串：芝麻醬（可選）、有機醬油、
　　　有機陳醋。

······ **看圖做菜** ······

*1.* 朝天椒切成小圈，浸泡在有機醬油裡。時間長短自定，
　　泡約 1 小時後醬油已經挺辣了，泡越久越辣。

*2.* 萵筍（菜心）去皮，用刨絲器（網上有賣，幾十元一個）
　　刨成細長條，跟麵條似的。
　　萵筍的品質很重要，像這樣鮮嫩多汁的，可以直接放嘴
　　裡了。

*3.* 調醬。一些芝麻醬，加少許泡了辣椒的醬油，少許陳
　　醋，攪拌細膩即可。
　　如果太乾，可以加少量的水。喜歡清爽口感，可以省去芝
　　麻醬。

*4.* 把醬倒上，現拌現吃（久了會出水）。
　　這下可以不在廚房裡烤火了。

# 甜菜根捲

　　甜菜根也算素界紅人，好處多到說不完，還可以提升運動成績。唯一的小缺點是，有些甜菜根有土腥味。

　　今天這個捲兒，就是吃不出甜菜根去哪兒了。甜菜根買來如果吃不完，可以放冰箱保存。如是新鮮拔的帶根和莖的，可以用一個瓶裝滿水，把根泡在水裡養著，或者把根埋在土裡種上。

　　自駕出差旅遊時帶上一盆土，是不是能天天吃著新鮮甜菜根了？

可以用任何喜歡的皮兒，捲任何喜歡的東西，蘸任何喜歡的醬。

―――――――――――― 食材 ――――――――――――

主角：甜菜根、黃瓜、千張皮。
客串：芝麻花生醬（無添加）、有機
　　　赤味噌。

大的甜菜根半個，黃瓜一根，千張皮三張，
正好用完。

―――――――――――― 看圖做菜 ――――――――――――

*1.* 黃瓜洗淨，甜菜根削去外皮，分別切或刨成絲。黃瓜
　　不用刨得太細，以免出水太多，甜菜根則儘量地細。

*2.* 用兩匙芝麻花生醬和一小匙味噌調成混合醬，如果醬
　　太乾，可以加幾滴水。或者準備其他自己喜歡的醬料。

*3.* 千張皮焯水晾涼，每張切成 4 等份。塗上一些醬，不
　　用全部塗滿，只要捲好後每一口都有醬就可以了。
　　如果比較忙（或為了簡便），可以省下這步，待會兒直接蘸
　　醬吃，不過那樣會吃得口味比較重。

*4.* 鋪上黃瓜絲和甜菜根絲，大約占千張皮 1/4 長度的地方。
　　十分介意甜菜根味道的，就少放點，使之儘量卷在黃瓜中
　　間。不介意的就隨意。

*5.* 捲成捲，從中間切開兩段，非常爽口，一吃停不下來，
　　對甜菜根沒興趣的人也吃得很開心。

# 溫柔黃瓜沙拉

「今天換一個方式吃瓜，比以往任何時候都更溫柔。希望我們每個人，和我們的地球，都能收穫溫柔的對待。」

寫下上面這段話，是北極圈高溫成為熱點話題的時候。

整理書稿時寫到這裡，又正是颱風「山竹」肆虐，是我記憶中最猛烈的一次。

我在窗戶玻璃貼上了膠帶加固，狂風依然仿佛要穿牆而過。

在大自然面前，人類如此渺小，淚水一次次彌漫在眼眶，內心不停地祈禱，地球母親平安。

總覺得每樣蔬菜，都有一款最適合它的醬，所以沒做大什錦。今天的主角是黃瓜，下次輪到誰？

---------- **食材** ----------

主角：黃瓜、鷹嘴豆。

選用外皮碧綠的嫩黃瓜，廣東等地亦稱青瓜。

客串：鹽或有機赤味噌、黑胡椒（可選）。

---------- **看圖做菜** ----------

*1.* 鷹嘴豆泡一天至飽脹。可一次多泡些，瀝乾水，放冰箱冷凍保存，吃時取出部分，用壓力鍋加少許水，煮至冒蒸汽後小火煮十來分鐘，豆子軟熟即可。

*2.* 煮熟的豆子加少許煮豆水，水差不多沒過豆即可，用強馬力料理機攪打成比較稠的泥。

*3.* 往豆泥裡加少許赤味噌或鹽，攪勻。這兩種風味完全不同，選自己喜歡的。還可以磨入少許黑胡椒碎。或者，有些朋友會喜歡不放鹽的原味。

*4.* 黃瓜洗淨，切成兩段，用乾淨的刨刀刨成薄片兒。無需練刀功，一只小刨可以刨出薄而均勻的片，極盡溫柔又不失爽脆。

*5.* 圖片僅供拍照，吃相各自想像。將黃瓜片捲成一個捲，撮一些豆泥上去，一口咬下，新鮮的黃瓜汁在嘴裡跳舞，又撞上鹹香豆泥。趕緊趕緊，再捲一個。

# 鮮果沙拉

有一陣，娃說水果吃膩了，於是換著花樣做起了水果沙拉。

新鮮現做沙拉醬包裹著各種水果，風味果然不同，更容易吃出飽腹感，且還有幾樣好處：

1. 冬天加熱方便。

把燒開的水倒進蒸鍋，整盤沙拉放在蒸格上，蓋上鍋蓋，開火煮數秒鐘（水別燒開，鍋內有許多蒸汽即好），停火，燜半分鐘左右，暖沙拉就做好了。別走神，不然就蒸熟了。

2. 火車外帶方便。

以前用袋子裝著水果，一路摸爬滾打到車上，個個鼻青臉腫，即使是選擇一些較堅硬的水果，在狹窄的座位上翻來轉去，也是各種狼狽，況且水果刀也不好攜帶。做成水果沙拉，純天然沙拉醬拌勻，可以保鮮不氧化，裝在密封飯盒，從此火車上用餐，優雅的我總是自戀地感覺：周圍的人都用看仙女的眼神在看我……

> 沙拉不一定要醬，honeymoon salad（蜜月沙拉），就是沒有醬的生菜沙拉。

## 食材

### 亞麻籽鮮果沙拉

方法：水果切成喜歡的形狀，將少許生亞麻籽用研磨機磨成細膩的粉，撒上即可。

亞麻籽富含 ω-3 脂肪酸，還可以再撒上營養酵母粉（含維生素 $B_{12}$），這款沙拉算是無可挑剔了。生亞麻籽建議每天吃至少 1 湯匙，不超過 6 湯匙（30 克）。

自製新鮮沙拉醬的做法，接著往下：

### 熱帶風情椰奶醬

完勝各式瓶裝沙拉醬、優酪乳什麼的。這款是火車上我帶得最多的，用不完的椰奶用瓶裝著帶上，很飽腹。

方法：打開泰國椰青，將椰肉與椰汁一起放入強馬力料理機打至濃稠細膩即成。

椰青打開方法，參照 P059 頁「椰汁香芋」。椰青有老有嫩，椰汁多少也不同。根據椰肉的分量與老嫩，把握加入椰汁的量，打到較為濃稠或自己喜歡的濃度。

### 香甜芒果醬

方法：芒果肉加少許潔淨能喝的水，用料理機攪拌一小會即可。水不要多，不然成芒果汁了。

### 清新芭樂醬

方法：芭樂（放熟至果肉較軟更佳）和熟透的香蕉，加少許潔淨能喝的水，用強馬力料理機打至細膩。

這些水果沙拉，也可以再撒上亞麻籽粉和營養酵母呢。

### 不道德榴槤醬

方法：榴槤肉加少許潔淨能喝的水，用料理機攪拌一小會兒即可。

榴槤這麼好吃又貴的東西，不趕緊放嘴裡，還加工個啥，簡直是不道德……

06 湯

忽爾濃郁

忽爾清雅

是鮮美之中的驚詫

是熱乎裡頭的溫馨

一碗湯

訴不盡幸福

# 絲瓜番茄藜麥湯

　　一天，娃問我：「地球的壽命有多長？」我說：「這我還答不上來，你問這個做什麼？」娃說：「我在擔心，到地球壽命結束的那天，地球上的人該怎麼辦呢？」

　　我豪放地笑著說：「你想多了，你和我都活不到那一天。」娃很嚴肅地說：「但是我還會有兒子，還會有孫子，我的孫子還會有兒子……」

　　看到這個上一年級的孩子，認真地憂心子孫後代，我感到慚愧。

　　為了不透支子孫後代的財富，我們力行環保，卻依然看見，不必等到遙遠的「子孫後代」，當下的我們（人，和人以外的生物），已經正在失去家園。面對全球變暖，無數善良的人們，想為地球做點什麼，卻不夠瞭解真相。

　　許多人還不知道或不相信，不吃或少吃肉是很重要、很迫切、很易行的低碳減排方法。

　　如果改變餐盤可以為地球降溫，你願意和我們一起嗎？

絲瓜、番茄與藜麥漿融合後，味道發生了奇妙變化，令人驚喜。我已開始漸漸習慣這種驚喜。

········································ 食材 ········································

主角：絲瓜（1根）、番茄（大的1個，
　　　或小的2個）、藜麥（一小碟）。
客串：鹽。
這種表面光滑的絲瓜，我們這兒叫「水瓜」。
另一種有棱的，叫「絲瓜」或「勝瓜」。兩種風味略有不同，都可以做這道菜。

········································ 看圖做菜 ········································

1. 藜麥浸泡半日，淘洗乾淨。番茄洗淨切片。絲瓜刮去皮（不要削，要輕刮，留下皮下綠色部分），切成滾刀塊。

2. 藜麥加適量水，用強馬力料理機打成稍濃稠的漿，倒進鍋中，加入番茄一起煮。

3. 煮開後，加入絲瓜一起煮至絲瓜熟即可，不用煮得太軟爛，加少許鹽調味。

茄汁小扁豆湯

在朋友圈亂說了一句話：「求斷食 365 天經驗。」

於是我收到了無數熱心好友發來的資料，關於斷食、關於食光、食氣……唯有一位大俠發來幾個字，定睛一看：「參閱中國當代史（1959—1961）。」

看懂突然要笑，緊接著又忍不住想哭。想起那舉國上下挨餓的年代，雖然只在父母的講述之中。

不能浪費糧食，因為我們曾經挨餓，因為我們將來也可能挨餓。

不能浪費糧食，因為此時此刻，有人正在饑餓中死去。

曾有朋友茫然提問：「我倒掉吃不完的飯菜，跟地球另一處的人挨餓，有關係嗎？」不僅吃不完倒了有關係，吃不對也有關係。

全球每天有 8000 兒童死於饑餓。他們的國家需要出口糧食換取外匯，而這些糧食的一部分卻被用來餵養牲畜。為了不再有孩子餓死在媽媽懷裡，我選擇吃純素。

讓我們一起，打造更有愛的餐桌。

個子小小的小扁豆，因其豐富的營養，和卓越的抗氧化性，在豆界名聲斐然。

## 食材

主角：小扁豆、番茄、馬鈴薯、蘑菇
　　　（可選）。

客串：薑、鹽、油（可選）。小扁豆
　　　有紅有綠還有其他顏色，喜歡
　　　就輪著吃吧。

## 看圖做菜

1. 小扁豆淘洗乾淨，加適量水在湯鍋煮熟，約需十幾分鐘。
容易熟、好消化也是小扁豆的優勢。

2. 煮豆時，將番茄連皮切小粒，馬鈴薯去皮切小粒，薑去皮
拍碎，鍋裡少許油燒熱（也可不用油），全部材料放入鍋，
加少許鹽翻炒。番茄選用成熟的為好。

3. 小火炒至番茄汁濃稠。

4. 將番茄和馬鈴薯倒進小扁豆湯裡，煮至所有材料軟熟。此
時可以喝湯了，後面的步驟是錦上添花。

5. 煮湯時，將蘑菇洗淨切片。平底鍋刷少許油，蘑菇煎至兩
面金黃色。鍋子好用的話，可以不用油。

6. 湯煮好，將蘑菇加入湯鍋，關火，嘗嘗味道，決定是否加鹽。

# 裙帶菜豆腐味噌湯

用味噌做湯，湯鮮美，又健康。

只是經常被問，味噌是什麼？是不是味精？話說我這輩子從沒買過一包味精，因為從小就不喜歡。

味噌多是用大豆發酵製成。一些超市和網上可買到有機味噌。我比較喜歡赤味噌，味道較濃郁。有興趣的還可以自己動手做，用鷹嘴豆也能做。

有些味噌含有動物成分，有朋友不小心買回來，哭，所以要習慣先看成分再入手。

裙帶菜比海帶好伺候多了，幾分鐘就泡發了。

食材

主角：裙帶菜、豆腐、乾香菇。

客串：枸杞子（可選）、有機赤味噌。

看圖做菜

1. 乾香菇去掉腳部，洗淨沙子，用水泡在湯鍋裡。

   若泥沙不易洗淨，則需要用另外的碗泡好後，再將香菇和水倒入湯鍋。

2. 裙帶菜用冷水泡發，只要幾分鐘就可以了，清洗乾淨。

3. 豆腐切塊，放入香菇水中，開火煮湯。依自己需求可加些薑片。

4. 待豆腐煮到胖嘟嘟時，加入裙帶菜，煮開後關火。裙帶菜很嫩，無需久煮。

5. 將適量味噌放入鍋內輕輕攪拌溶解。味噌是鹹的，湯可以不加鹽。

6. 盛入湯碗，放入泡發好的枸杞子。

冬瓜薏米茶樹菇湯

　　在南方，濕氣是個永恆的話題。極度潮濕的春夏之交，我正走著路，突然感覺兩腿邁不動了，像是被強力膠粘住了關節骨肉。

　　當時原地頓悟：這就是「濕氣重」的最高境界？恨不得用兩手幫忙抬著腿，一步一挪到了菜市場，買了些新鮮土茯苓回來煮湯喝，才總算除去了那強力膠。在我們這兒，許多藥用食材在菜場都是當菜在賣著，感覺要是不懂點中醫，連菜都不會買（註：藥材別亂吃）。

　　生活總會有轉機，自打實行「低脂低鹽全蔬食，天天勞動曬太陽」的生活方式後，我再沒有「濕氣重」的體驗了。

　　濕氣，大概就是體內的保安隊伍清掃了各處垃圾，打算用水路運輸出去。可若是垃圾太多，又或者保安身弱體衰，都坐下來喘粗氣，水路交通堵塞，於是就「濕氣重」了。

　　這個湯可以幫忙疏通水路交通。我媽有年夏天小腿水腫，喝兩天便好了。

天兒熱了，知了叫了，來喝冬瓜湯啦。

---------- 食材 ----------

主角：冬瓜、薏米、乾茶樹菇。

客串：薑、鹽（可省）。

---------- 看圖做菜 ----------

1. 薏米洗淨浸泡一晚。或用水煮開數分鐘後，在燜燒鍋裡燜一兩小時。

   這樣容易煮軟，不用嚼到下巴疼。若擔心體寒，可以將薏米先炒一炒。

2. 乾茶樹菇切去硬蒂，洗淨泥沙，清水浸泡約 1 小時。

3. 茶樹菇連同浸泡的水一起放入湯鍋，添加適量清水開始煮，薑去皮拍碎放入。

4. 洗淨冬瓜，將皮與瓤切下來，放入湯鍋煮。

   冬瓜利水的功效，很多都在皮和瓤裡啦。

5. 冬瓜肉切成稍厚的片放進湯鍋，煮開後以小火煮，待所有材料軟熟後關火，加少許鹽調味。

   如不加鹽，更能嘗出食物真味，也更能滲水利濕。

# 極鮮海帶玉米湯

　　據說從生物學角度，海帶和昆布不是同一種東西，但說來話太長了。反正許多賣家就把這個東西，叫海帶或昆布。總之，要買品質好的，寬大厚實不起泡，表面有白霜，乾淨無泥沙，乾貨聞起來就很香。價格可能貴點，但絕對值得，泡發率很高。

　　海帶與乾菇是鹹鮮味，組合在一起鮮得有些醉人，要用一些甜味中和，加上甜玉米的一絲絲清甜，味道就絕了。如果覺得玉米不夠甜，就加兩顆棗進去。

　　薑：做菜煮湯放不放薑，依個人需要。

用心煮好湯，就是用食材本身煮出鮮味，不用依賴有添加劑的調料。

········································ 食材 ········································

主角：海帶（昆布）、乾香菇、甜
玉米。

客串：生薑（可選）。

········································ 看圖做菜 ········································

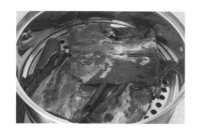

1. 乾海帶蒸軟泡發，具體參考 P70 頁的「大煮乾絲」。

2. 乾香菇洗淨泡發。

3. 把玉米粒用刀弄下來，先剔下一排來，餘下的就好
   切了。把玉米中間的芯切成一段段，每段切成兩半。
   費這個神的理由是:玉米芯從中間剖開,更易煮出甜味。
   嫩玉米粒生吃都可以,不想久煮,所以分開。請諒解吃
   貨的邏輯。

4. 香菇切去根部黑色部分，海帶切成塊，和玉米芯、
   薑片一起放進鍋，泡菇的水和泡海帶的水（注意份
   量適當）全放進鍋一起煮。

5. 煮到海帶與香菇軟熟至合適的口感，把玉米粒倒進
   鍋，煮開即可。
   不用放鹽,已經很鮮了。

# 霸王花素鮮湯

有些事，當我們明白時，已經太晚。

我十多歲時離家去外地上學。幸運的是，母親的好友一家離學校不遠，於是我就有了姨和叔。他們待我如至親，週末總是接我去家裡，做一大桌好吃的，讓身在異鄉年少的我，有了家的溫暖。

那時才三十多歲的叔叔已經患有高血壓，身高只有一米六多，80公斤的體重讓他上樓都困難。當過兵的叔叔喜歡和戰友們一起吃肉喝酒，一醉方休。

那個時候，沒有人懂得飲食與健康的關係。畢業後我離開了那個城市，心裡總惦記著姨和叔，可是還未等我回去探望，叔叔竟因心肌梗塞突然離世。他才四十剛出頭，留下我姨，從此半生孤獨。

許多年過去，我總是幻想，如果把那時的我，換成此刻的我，我有100分的信心，讓叔叔重獲健康，變回那個英姿颯爽的兵哥哥。

可是，人生沒有如果，一切過往都無法回頭。今天我努力地去做可能影響一個人吃素的事情，雖然這並不能讓愛我的叔叔回到身邊，也不能讓白髮蒼蒼的姨不再孤獨，但是也許可以，阻止下一個本不該發生的悲傷。

去行動，趁一切都還來得及。

特愛霸王花獨特的口感，關鍵是名字還那麼大氣好聽。

特愛霸王花獨特的口感，關鍵是名字還那麼大氣好聽。

**食材**

主角：霸王花（也稱劍花）、胡蘿蔔、番茄、玉米、乾香菇。

客串：薑（可選）、鹽（可選）。

**看圖做菜**

1. 霸王花用清水泡發 2 小時，切去尾部硬塊，洗淨，撕成較小的條。

2. 乾香菇去尾部硬塊，洗淨，用清水泡在湯鍋裡。

3. 薑去皮切片，放進湯鍋開始煮湯。

4. 番茄去皮切小粒，鍋燒熱倒入番茄，加點鹽，邊炒邊用鍋鏟壓碎，小火炒至茄汁濃稠，倒進湯鍋。或者直接放番茄粒在鍋裡煮，用壓泥器壓一壓，效果差不多。

5. 胡蘿蔔去皮切塊，玉米切成半圓塊，和霸王花一起放進湯鍋，煮開後小火煮至所有材料軟熟，關火。加不加鹽依個人口味。

# 蓮藕花生湯

和娃一起看《冰河世紀3》（編註），出現一群恐龍。

娃：「這個是腕龍，這個是角龍，他們是食草的。」

我：「什麼？恐龍竟然是吃草的，長這麼大？」

娃：「也有食肉恐龍，比如霸王龍。」

我：「食肉恐龍個子會更大？」

娃：「不，食草恐龍的體型通常更大。」

呃！是誰在說，吃素會影響發育⋯⋯

加上幾朵乾香菇，湯就很香很香了。

食材

主角：蓮藕、花生米、乾香菇、紅棗。

客串：薑（可選）、鹽（可選）。

看圖做菜

1. 乾香菇，很香的那種。洗淨切去根部，清水泡發。

2. 菇裡若藏有沙，撈起洗淨放入鍋，泡菇的水也倒進鍋。如有沙沉底，要注意。

3. 蓮藕洗淨刮去外皮，切成段。藕節是寶，別扔，削乾淨一起煮。紅棗去核，薑去皮切片或拍扁，花生米沖洗乾淨，全部材料放進鍋。

4. 大火煮開轉小火，蓮藕煮軟即可。
   用電壓力鍋更方便，蓮藕也容易煮軟，但是砂鍋方便拍照嘛⋯⋯

5. 是否加鹽依個人口味。冬天享用，尤其暖身。

編註：動畫電影名，台譯《冰原歷險記》。

# 花芸豆菜乾湯

　　極簡主義的冰箱十分賞心悅目，除了幾個清爽的瓶罐，就只有幾個色彩鮮活的水果，如靜物畫裡的主角一般，嫻靜地等著主人。

　　要保持冰箱的極簡風，必須儘量不讓食物停留太久。凡有之前用剩下的，就想辦法趕緊用掉。

　　有朋友送來的自家曬的菜乾，小半包黑花芸豆和野生香菇，再去菜場添了些胡蘿蔔，就有了這道湯。

　　菜乾湯清熱去燥，小香菇增添香味，豆子有豐富蛋白質，胡蘿蔔帶來鮮甜味，喜歡這種個頭小小帶著泥的，很是脆甜。

如果喜歡湯更甜一點，還可以加幾粒無花果乾。

······························ 食材

主角：菜乾、大黑花芸豆、胡蘿蔔、野
　　　生小香菇。

客串：鹽（可選）。

也可以用其他口感粉粉的豆子，比如紫花
芸豆、白芸豆、紅腰豆等。既然清理庫存嘛，
有什麼用什麼。

······························ 看圖做菜 ······························

*1.* 豆子泡一晚。菜乾泡到葉片展開，洗淨沙，需 1~2 小時。
　　小香菇切去根部黑色部分，泡脹後洗淨沙。

*2.* 將泡菇的水（注意是否有沙），與菇、豆放進鍋裡，添加
　　適量水一起煮。
　　豆子若來不及提前泡一晚，可以泡個把小時後，先用電壓力鍋煮熟，
　　或用壓力鍋煮至冒蒸汽，轉中火煮約 20 分鐘，豆子就胖嘟嘟啦。

*3.* 等豆子快熟時放入菜乾煮。如果豆子已提前煮熟，就先煮
　　菜乾。

*4.* 菜乾快煮好時，將紅蘿蔔切滾刀塊放入，煮到所有材料軟
　　熟，依個人口味決定是否加鹽。

這道極簡的菜，我試做了 4 次。不厭其煩，就是為了去繁，留簡。

---------------------------- **食材** ----------------------------

主角：黃玉米、枸杞葉。

 ------ **看圖做菜** ------

1. 玉米粒切下來，中間的芯可留著煮湯。水燒開後，加入玉米粒煮三五分鐘至熟。水不要太多，稍沒過玉米粒就可。

2. 將玉米連同煮的水一起用料理機打至順滑，倒入碗中。將面上的泡泡用湯匙舀出，放進嘴裡。感覺像在吃棉花糖耶！得到一碗金湯。

   這不就是玉米羹嗎？沒錯，要提防小朋友給搶吃了。不哄你們吃點菜，怎麼體現主廚的威風呢！

3. 燒開水，將枸杞葉放入稍焯一下，撈出。

4. 把菜夾進湯裡，用筷子撥均勻，上桌。

   香甜的玉米羹包容了枸杞葉微微的苦。只要會包容，生活的主旋律還是甜。

# 三鮮素湯

很多前輩都指點過，吃東西要感恩食物。在心裡愛過的食物，吃起來味都會更美。

正當我發表演說時，朋友打斷：「那如果做飯的人沒有好好做，但是吃飯的人好好吃，也有能量嗎？」

好繞口的問題啊！我說：「對！」

友：「如果端給你的是垃圾食品呢？」

你有完沒完……？我說：「你，要麼不吃，要麼感恩地吃！」

友：「我選擇感恩地吃。」這就對了嘛！最怕又吃又抱怨，壞處還翻倍。

吃飯如此，生活如此，感恩一切，哪怕是並不如意的那些。

朋友說，怎麼不做點麵條的食譜？有湯不就成了嗎，麵條煮熟，放湯裡。

---

食材

---

主角：腐竹、番茄、蟹味菇（或其
他菇）。

客串：鹽、白胡椒（可選）。

---

看圖做菜

---

1. 腐竹用溫水泡至柔軟。如果泡發時間不夠，或有皺褶處不
易泡開，可開火煮軟。

2. 切成與蟹味菇差不多長的段，再切成條。

3. 一個番茄洗淨，連皮切成片；其他番茄去皮，切成小粒。

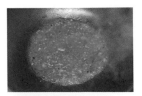

4. 鍋燒熱，倒入番茄粒，加鹽翻炒，壓、炒成醬。

5. 加入開水，燒開後放入腐竹絲、菇、番茄片，還有少許鹽。

6. 燒開後磨入白胡椒碎，好鮮美。

# 蓮藕眉豆湯

　　這個湯算是最不費腦子的活兒了，只需一個電壓力鍋，一鍵下去，坐等喝湯。

　　煮湯的材料要多一點，湯才夠鮮夠味，不要怕多了吃不完，可以當菜吃，可以和飯一起煮了吃，還可以給鄰居送去半鍋。

用其他口感粉粉的豆子也好吃，比如紅腰豆，出來的湯比這個黑湯好看多了。

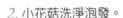

## 食材

主角：蓮藕、胡蘿蔔、眉豆、乾小
　　　花菇。
客串：鹽（可免）。

蓮藕和胡蘿蔔要占較大比例，這樣湯
的鮮甜味較濃。不要數我照片裡的食
材數量，它們有時是靠顏值入選的。

## 看圖做菜

*1.* 眉豆浸泡至飽脹。

　　可一次多泡些，瀝乾水，放冰箱冷凍，吃時取出直接煮。
　　上面食材圖片中的就是泡過冷凍的。

*2.* 小花菇洗淨泡發。

*3.* 蓮藕、胡蘿蔔分別去皮切塊。把所有材料，加泡菇
　　的水（注意有沒有沙），放進電壓力鍋，或其他適
　　合的鍋，比如壓力鍋、燜燒鍋等。

*4.* 添加適量水，按煲湯鍵。

　　水不需要多，多了味道就淡了。封閉的壓力鍋在煮的過
　　程中，不會損失多少水分。

*5.* 開鍋盛出，不需要加鹽就挺鮮了。

# 番茄馬鈴薯味噌湯

　　自己編的童話，會變成現實，信嗎？

　　有年暑假，我娃和我玩故事接龍。一個人先編一段故事，另一個人接著編後面的情節。在每天的天馬行空中，故事接龍了好幾十萬字，主軸基本是這樣：

　　主角１號：一隻身懷神技的小烏龜，領著一支小學生足球隊，叱吒風雲，所向披靡，最後挑戰上了世界冠軍……

　　主角２號：一隻正義凜然的老鼠博士，專注於研究無添加健康素食。鏡頭通常是：老鼠博士突然有了靈感，轉身衝進實驗室，「呼」的一聲關上門，好多天不出來了。要不就是：老鼠博士突然打開門，蓬頭垢面地大叫：「我成功啦！」

　　關鍵點：神龜隊的勝利，離不開老鼠博士研發的健康素食。而加入神龜隊的首要條件：必須吃素。

　　沒想到不久之後，我們的生活真的成了童話的現實版本：他每天在球場奔跑歡樂，所在的球隊年年奪冠。我租了一間工作室，閉門謝客，每天和食材談情說愛，試驗著更好的下一道。

　　我娃很少管我叫媽，我從最初的米奇老鼠，又兼任料理鼠王，直到當上老鼠博士。謝謝你，一直這樣愛我。

最近做了各種版本的「番茄＋味噌」湯，這兩樣在一起實在太鮮了。

## 食材

主角：番茄、馬鈴薯、嫩菠菜。

客串：鹽、有機赤味噌。

## 看圖做菜

*1.* 馬鈴薯連皮切塊。蒸鍋水開後，把馬鈴薯直接放在蒸格上蒸熟。

*2.* 番茄連皮切小塊，放鍋裡加水煮。

*3.* 馬鈴薯熟後撕去皮，把一部分放進鍋裡煮。

*4.* 加少許鹽，用壓泥器壓一壓，使湯更快成為濃湯。

　　因後面要放味噌，所以鹽只需要很少即可。

*5.* 把餘下的馬鈴薯放進鍋。

　　我留著形狀工整的，邊角餘料在上一步壓泥了。

*6.* 湯煮開後放入菠菜煮熟，停火。

　　若擔心菠菜有澀味，可以提前將菠菜焯水，再放入湯鍋稍煮升溫
　　即可。

*7.* 放入一湯匙味噌，輕攪溶化均勻即可。

# 清純萵筍湯

問：「你的菜這麼清湯寡水，好吃嗎？」

不好吃我做來幹嘛，難道我是個自虐狂？

乾脆用一個貌似極度清淡的湯來證明，用「清湯寡水」形容我們的低脂全蔬食，漢語詞典不會同意。

朋友說，這是孕吐以來，第一次吃飽的感覺，湯的鮮美震驚了我的味蕾。

## 食材

主角：萵筍（菜心）、杏鮑菇、
　　　胡蘿蔔、馬鈴薯。

客串：鹽。

## 看圖做菜

*1.* 馬鈴薯去皮切小塊，蒸鍋水開後，放入蒸熟。

馬鈴薯直接放蒸格上，比放在盤裡蒸要熟得快。今天同時
要蒸另幾樣食材，就放盤裡了，省去一塊塊夾起的工夫。

*2.* 萵筍、胡蘿蔔去皮，切滾刀塊放盤中，杏鮑菇切成半圓的
梳齒狀放在面上，均勻撒些鹽，蒸鍋水開後，放入蒸熟。

用雙層蒸鍋，第 1 步和第 2 步的食材一起蒸。梳齒狀的作
用是，菇片不那麼韌，好咬，出味，順帶提升顏值。

*3.* 蒸熟的馬鈴薯倒入湯鍋，隨意將一部分壓成泥。

*4.* 蒸熟的萵筍、胡蘿蔔、杏鮑菇倒入鍋。盤中湯汁一起倒
入，別撒地上了，湯很鮮的（這就是為什麼要先蒸）。
添加少量水，開火邊煮並攪拌，使馬鈴薯泥融於湯中，
適量加鹽即可。

無需久煮成馬鈴薯濃湯，即使看上去如此清新，嘗一口才
知道味道層次之豐富，非語言可以描述。

# 腐竹櫛瓜湯

早就想做腐竹櫛瓜湯，一直沒排上號。
直到偶然加上玉米才明白，生命中的等待，是為迎接更多精彩。

做不出兩次相同的味道，每次都成驚喜，絲絲清甜沁人心脾。

―――――――――――――― 食材 ――――――――――――――

主角：腐竹、櫛瓜、玉米、生腰果。

沒有櫛瓜，用葫蘆瓜、絲瓜、冬瓜、老黃瓜等應該也可以吧，我猜的。

―――――――――――――― 看圖做菜 ――――――――――――――

*1.* 生腰果用潔淨能喝的水浸泡半日，倒掉水沖洗。沒來得及泡的話，直接用也無妨。

*2.* 腐竹用潔淨的水泡發至飽滿柔軟。

*3.* 腐竹切段，玉米切半圓塊，櫛瓜刨去皮切略厚的片，鍋裡水開後全部放入，煮熟關火。

*4.* 腰果一小把，加幾匙鍋裡的湯，一兩段煮好的腐竹，用強馬力料理機打細滑，倒入鍋內攪勻。

嘗一口湯，夾裹著暗香的鮮甜蔓延開來，什麼調料也不想加了。

167

# 翡翠白玉黃金湯

自己在家種苜蓿芽很簡單，太好養了，簡直零失敗。

第一步：將苜蓿種子用水浸泡半天後倒掉水。只需一點種子，就可以長很多。

第二步：把種子放進一個玻璃瓶裡，只要瓶口能伸進手或筷子，方便取出勞動成果即可。

第三步：用一塊紗布蓋住瓶口，用橡皮筋將紗布固定。有的瓶有專用的蓋，中間鏤空的，總之就是方便從瓶裡往外瀝水。

第四步：放置在不會碰到打碎瓶子的地方，無需避光。每天早晚往瓶裡注一些潔淨的水，輕輕搖晃讓種子們都能被水濕潤，然後瓶口向下將水瀝乾，再瓶口向上放置好即可。天熱時可以多洗一兩次。

第五步：待芽苗長大就可以邊養邊吃了。直接放嘴裡，做沙拉，打蔬果昔都好。

取了個又土又豪的菜品，其實很清雅脫俗，滿滿的大自然味道。

## 食材

主角：玉米、嫩豆腐、蘆筍。

客串：苜蓿芽（可選）。

## 看圖做菜

*1.* 把玉米粒取下。

曾有人吐槽說切得玉米粒亂飛，汁液亂濺。可以先把刀插進兩排
玉米粒中間的縫裡，掰下一排，後面就可以一次兩排地掰下來了。

*2.* 加適量開水，沒過玉米粒即可，稍煮至熟。

*3.* 把玉米粒和煮玉米的水一起放入強馬力料理機打細滑，倒
入鍋，汁要濃一點更好吃。如果不喜歡泡沫影響顏值，可
以舀出來喝了。

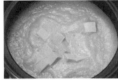

*4.* 放入切成小塊的豆腐一起煮。

*5.* 煮沸騰後，放入切成段的蘆筍（蘆筍綠色的部分較嫩，根
部如有發白的可能是老了，要去除或削皮）。煮到湯再沸
騰即關火，不需要加鹽。

*6.* 裝盤稍涼後，將苜蓿芽放在面上。或者另放一個盤裡，吃
時取一些小芽放自己湯碗享用。

苜蓿芽在這道菜中不是必需的，只是為了找個讓它華麗麗出場
的方式。

169

07
五穀
雜糧

已不習慣說「主食」

蔬、果、豆、穀

組成健康能量餐盤

有時水果也能飽餐一頓

吃飯，還真不一定有飯吃

# 鳳梨紅豆糙米飯

為什麼素愫小廚會定一個不用白米白麵的規矩？

白米白麵為精加工食品，它們熱量高，卻營養低，還有較高的升糖指數，故不能算食材界的優等生。它們未被精加工之前，分別是糙米和全麥，是更健康的選擇。

剛開始可能吃不慣糙米的口感，吃一陣之後，會嘗到細嚼慢嚥的真滋味。

鳳梨正當時，紅豆最相思，和愛的人一起吃飯吧！

食材

主角：糙米、紅豆、鳳梨。

客串：白芝麻（可選）。

看圖做菜

1. 紅豆用溫水泡約 1 小時，煮幾分鐘至豆子飽脹但不裂開。

2. 取適量糙米，用清水泡一天。將糙米、紅豆、煮紅豆的水一起倒進電壓力鍋煮熟，水不夠可添加清水。有了煮豆的水，米飯就會是喜慶的紅色。

    糙米可一次多泡些，瀝乾水，放在冰箱冷凍層，吃時直接煮，更容易煮軟。

3. 把鳳梨從 1/3 處，即貼著頂花的根部切開。

    不要對半切，那樣沒有完整的頂花，鳳梨船的容量也不夠大。

4. 用水果刀在果肉上切出四條邊線（注意別切穿果皮），再切出均勻的小分格線，挖出果肉。

    第一塊不好挖的話，可下刀到一半深，刀鋒側轉，切出半塊，再用小湯匙挖出餘下的半塊。

5. 繼續用小刀和湯匙配合，挖出所有的果肉，豪華鳳梨船就造好啦。

6. 把鳳梨肉用鹽水泡十來分鐘，再用清水沖淨，切成小粒，和煮熟的紅豆飯拌勻。

7. 把飯裝進船裡，撒些白芝麻點綴。

    滿心喜悅，美食與愛意同享。

# 繽紛藜麥碗

關於糙米飯的吐槽：

「我牙口不好，糙米咬不動，怎麼辦？」

「我一個人吃飯，米少鍋大，連鍋底都墊不滿，飯煮不熟，怎麼辦？」

別著急，生活不止米飯和麵條，還有很多其他的美好，比如好吃的藜麥，和好看的碗。

以後，可以名正言順地不吃飯了。

-------------------------------- 食材 --------------------------------

主角：藜麥、地瓜、胡蘿蔔、
　　　綠花椰、小番茄。

客串：鹽（可選）。

-------------------------------- 看圖做菜 --------------------------------

*1.* 藜麥用水浸泡半日露出小尾巴，淘洗乾淨。胡蘿蔔、地瓜、
　　綠花椰切成小塊。

*2.* 水燒開，放入藜麥煮。因為還有其他材料要煮，水可以略
　　多一些。煮熟約需十來分鐘，熟後顆粒膨脹，半透明。

*3.* 藜麥煮一陣後，放入地瓜和胡蘿蔔一起煮，估計地瓜與藜
　　麥一起熟就好。

*4.* 地瓜差不多熟時放入綠花椰，煮熟後關火，依個人口味加
　　鹽，也可不加鹽。

*5.* 用漂亮的碗盛起，擺上切開的小番茄。

# 果味奶香燕麥粥

後來的某天，才知道我的這款蔓越莓乾有加糖，不然口味會較酸。說好的無糖食譜呢？我琢磨著用芒果、櫻桃、葡萄乾什麼的代替蔓越莓乾，再拍一次，或者找找無糖蔓越莓乾。可想想花的這個時間，都可以拍一個新菜了，不如留著這痕跡，承認自己當時考慮不周。

照片還是舊的，請允許我重新為你做份無糖早餐。

不需要牛奶，我們有好喝的堅果奶。

---------------------------------- 食材 ----------------------------------

主角：燕麥片、生甜杏仁（或扁桃仁）、
　　　生腰果、藍莓（或其他時令鮮
　　　果）、無糖乾果（可選）。

生堅果可選喜歡的自由搭配。腰果味道
溫和，香而不膩。甜杏仁（或扁桃仁）增
添風味，少量即可。

---------------------------------- 看圖做菜 ----------------------------------

*1.* 生甜杏仁（或扁桃仁）和生腰果分別用潔淨能喝的水
　　浸泡一晚（天太熱可放冰箱），倒掉水並清洗。

*2.* 泡好的杏仁腰果，加適量常溫潔淨能喝的水，用強馬
　　力料理機打至細滑。

*3.* 把過濾袋放在一個容器裡，將打好的堅果奶倒入過濾
　　袋，用手擠捏過濾袋，得到杏仁腰果奶一碗。
　　如果只用腰果，可以不過濾。餘下的渣可以做其他好吃的，
　　此處不表，請各自發揮。

*4.* 鍋裡燒開水，放入燕麥片煮至自己喜歡的軟硬程度，
　　水不要放多，煮好後基本沒有湯為好。

*5.* 煮好的燕麥片盛入盤中，倒入堅果奶，有乾果的話也
　　加上，浸泡數分鐘，讓燕麥片充分吸水。
　　如燕麥片粘結，可用筷子撥開讓它更好地吸水。如變乾了，
　　可再添加奶，直至滿意的口感。

*6.* 撒上鮮果，取湯匙，陽光下享用。

177

# 醜小粽

　　走過大江南北，還是固執地認為，家鄉粽子最好吃。再有名氣的粽子，都不如大街小巷裡，粽香夾著梔子花香的童年記憶。

　　今天終於試出一款粽子，讓我不再癡迷童年回憶了，況且白糯米屬於沒被錄取的食材界學渣，來看看學霸們都長什麼樣！

　　學霸小粽說：「雖然我有點醜，只怪主人手藝太差，但論健康營養和美味，我是一枚優秀的小粽子。」

對不起，我只會包這麼醜的粽子。不過我又學了一招很簡單的包法，爭取明年包個漂亮的。

## 食材

主角：大黃米、鷹嘴豆、三色藜麥。

客串：粽葉、粽繩。

## 看圖做菜

1. 鷹嘴豆我泡了一晚＋半天。大黃米和三色藜麥分別泡了半天，藜麥泡好後淘洗乾淨。三種食材瀝去水混勻，大黃米較多，豆稍少一點，藜麥再少點。

2. 粽葉洗淨，用開水燙泡 2 小時（我稍煮了下，或者向賣粽葉的人請教處理方法）。

3. 取兩片葉重疊，剪去根部，捲成一個圓錐形，往裡面填入食材，壓實。

4. 包好粽子，放在壓力鍋冷水中浸泡半小時，讓食材進一步吸水，粽子會更緊實飽滿。開火煮，冒蒸汽後中火煮20 分鐘，剛剛好。用電壓力鍋也可。
   包粽子的過程，省去字數若干……網上有教學視頻。

5. 粽子煮熟後撈出，放涼後口感更好，剝開也不會粘葉子。想快點吃，可以把粽子浸泡在潔淨能喝的冷水中變涼。
   我媽包了一次醜小粽，點評說：「太好吃了。大黃米的軟糯，三色藜麥的香脆，鷹嘴豆的香粉，三種食材的搭配恰到好處。」感覺這文風跟我越來越像了呢。

179

## 多彩小米粥

和娃走過一個街角，他拉著我說，你看看那間藥店，發現古代和現代的不一樣了嗎？

我不解問之，娃說，古代藥店門口的對聯寫著「但願世間人無恙，寧可架上藥生塵」，而現在的藥店卻在做促銷廣告，多買多送。

小娃的話觸動心弦，讓我們好好愛自己，非藥而癒。

軟滑香濃中夾雜著藜麥的萌脆，豌豆的清香，核桃的悠長回味。

············ **食材** ············

主角：小米、三色藜麥。

客串：紅棗、核桃、青豌豆。

小米品質不同，味道與營養都相去甚遠。有機小米味道好，很容易煮到黏稠。

············ **看圖做菜** ············

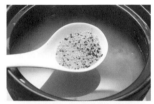

*1.* 三色藜麥浸泡半天淘洗乾淨，與小米一起放進鍋，加入適量開水煮。

*2.* 煮小米粥，我最喜歡用燜燒鍋。火上燒開移入煲內，燜上半小時軟爛（這期間無需電或火，省能源），拿出來再稍煮攪拌一下就可以了。

工作室沒有燜燒鍋，這個湯煲保溫性也挺好。煮開一會兒後關火，以餘溫燜上十多分鐘，米粒吸水飽滿，比起一個勁地煮，似乎效果更好。很多事情，不是急火猛衝就好，看似安靜地待著，其實也是在積蓄能量。

*3.* 待米粒飽滿得差不多，再開火。如果太乾了就加開水，調節到自己喜歡的稠度。加入去核切碎的紅棗，煮至粥熟。

*4.* 加入豌豆煮熟關火。

嫩豌豆一煮開就熟了，所以晚點放。如果豌豆較老，就……就別買了，我覺得不好吃……

*5.* 放入核桃肉，不需要煮熟，攪勻即可。

做這道菜時，正好臨近國慶日，就寫了下面這些話：

各式各樣的消息：廣州動物園行為展示館正式閉館，意味著動物們至少不需要賣藝為生了。

拍鳥圈流行棚拍，建個棚把各種野生鳥圈起來，棚洞中伸個鏡頭進去，原來鳥兒也有模特圈，圈子不好混，死傷無數。

圈外的鳥兒也未必好過。為求得「經典一刻」，拍攝者無所不用其極，珍稀鳥類在人們的驚嚇追逐中，家破鳥亡。

旅遊，不是為了踐踏誰的家園。

送上一碗無米黃金粥，期待美好的旅遊黃金周。

清理冰箱，偶得之。

---------------------------------- 食材 ----------------------------------

主角：去皮乾豌豆。（冰箱只有
這麼多了，夠煮一碗。）

---------------------------------- 看圖做菜 ----------------------------------

*1.* 用清水泡豆。一兩小時後，豆冒出了芽，從中間裂開。

*2.* 倒掉水，放豆入壓力鍋，以少量水沒過豆，大火煮至
冒蒸汽後轉小火煮約 5 分鐘關火。

*3.* 開鍋後，開火邊煮邊攪拌一小會兒。如果水多，就收
乾些；水不夠，就加少許。邊煮邊攪拌，粥就變稠了。
加少許鹽，味更濃。

*4.* 盛出，享用。

山藥紫米粥

　　缺愛不是病，但可能引起很多病。或多或少，你我都曾有過「缺愛感」。

　　很小的時候，有一陣子經常被獨自鎖在一間除了床和桌椅就再無其他的小屋。父母都要上班，那個年代沒有「求職」一說，你今天不幹了，明天就養不活家。所以不論爸媽有多愛我，我依然過著「缺愛」的黑屋生活，在孤獨的恐懼中，哭得聲嘶力竭。

　　缺愛的人或會掉進一個，不斷向外尋找、索取愛的軌道，甚至可能經常生病來獲得更多關注。可索取並不能治癒。

　　也許，多付出愛，就能得到愛？未必。比如有人的痛苦是：「我很愛父母，把工資都給家裡，可是爸媽只愛弟弟，把錢全給了弟弟買房，我依然要住出租屋。」真正能治癒我們的，是愛的能量。

　　愛是可以生長的能量。她充盈於我們心間，沒有人能拿走，也從來不會失去。能失去的不是愛，只是我們寄託愛的人或物。

　　愛是可以流轉的能量。每個人都可以找到一種方式，能讓愛充滿自己，又惠及他人，而終於自癒。

　　給您做菜，是我愛您的方式，也是我愛自己的方式。

似乎每年春天，都要冷上一陣子，一碗好粥，暖了身和心。

 食材

主角：紫米、鐵棍山藥、紅棗。

看圖做菜

1. 紫米用潔淨的水浸泡兩小時後，連泡米的水，再
   加適量水，用電壓力飯鍋煮熟後，舀進砂鍋。
   如圖比較乾。乾了還可以加水，稀了就沒得補救了。我
   都是先煮乾點，一會兒再加水煮，這樣二次煮出來的
   粥，很黏稠好吃。

2. 添加適量的開水，把山藥去皮切小塊與粥同煮。
   如果不喜歡一直站在鍋邊攪拌，可以先把山藥連皮蒸
   熟，再去皮切塊放入。

3. 待山藥差不多熟時，加入去核切碎的紅棗，稍煮
   攪勻即可。

椰棗蓮子飯

這米飯粒粒香甜，誰家的娃兒不喜歡？

・・・・・・・・・・・・・・・・・・・・・・・・・・・ 食材 ・・・・・・・・・・・・・・・・・・・・・・・・・・・

主角：糙米、新鮮蓮子、椰棗。

新鮮蓮子也可用乾蓮子。

・・・・・・・・・・・・・・・・・・・ 看圖做菜 ・・・・・・・・・・・・・・・・・・・

*1.* 糙米用清水浸泡一天，洗淨。

可以一次多泡點，瀝乾水，放冰箱冷凍層保存，吃時直接煮，
更易煮軟。

*2.* 椰棗去核，切塊。

*3.* 鮮蓮子對半切開，取出蓮芯。蓮芯味苦，可另泡茶喝。

如用去芯乾蓮子，不需要浸泡。其實，蓮子也可以省去。

*4.* 糙米、蓮子、椰棗、水一起放入電壓力飯鍋煮熟。

糙米比白米硬，電壓力飯鍋更有優勢。現在許多電鍋都帶
有「糙米」功能鍵，如沒有，可以試試用「豆類」等烹煮時
間較長的功能。

*5.* 好好吃飯，細嚼慢嚥。

# 蓧麵蔬菜球

　　據說，老外學做中國餡餅，因為包不好餡兒，就把餡丟在外面，於是就成了義大利薄餅 Pizza。可這露餡薄餅，卻比咱正統餡餅，貴許多啊……

　　心血來潮想做蓧麵餃子，包了兩個沒了耐心，於是大手一捏，成了今天的蓧麵蔬菜球，會不會也像比薩一樣，另成一派，流傳後世？

　　那兩個餃子也很好吃（蓧麵餃子做法請上網搜尋），但是更喜歡這款蔬菜球的懶人氣概，快捷得那叫一個爽，走進廚房十多分鐘就吃到嘴。

　　這只是個樣板，咱可以有 10000 款蓧麵蔬菜球。對，就是把餃子餡換個地方，按 10000 款餃子餡的配方（參考 P190），走起（編註）。

有人吃餃子只吃餡，有人只吃皮，這下好了，都不用挑了。

---

### 食材

主角：蓧麥麵粉、綠花椰、白花椰。

客串：鹽。

*綠花椰和白花椰，都算很清淡的了，做出來尚且這麼好吃，想必換用其他食材，會有更多精彩。*

---

### 看圖做菜

1. 綠花椰和白花椰取花的部分，切細碎。稈的部分也可以用，儘量切碎。撒少許鹽拌勻。喜歡黑胡椒的可以磨些進去。

2. 把蓧麵粉放在一個大碗／盆裡，燒一些開水，一邊慢慢往粉裡加開水，一邊用筷子攪拌，使粉均勻吸水。
   *蓧麵陣陣清香，小娃都聞香來尋吃了。*

3. 攪拌到粉都吸到水，變成麵絮即可。圖中這樣還差點水。

4. 把麵絮輕輕揉成光滑麵團，不需反覆揉，成麵團即可。用手感覺面的濕度，不夠水就適量加點；若太濕粘手或太燙手，就撒點乾粉。
   *不要太乾，麵團要比較柔軟才好。*

5. 揪一小團麵，壓扁，在蔬菜碗裡兩面都壓滿蔬菜。

6. 把麵餅團成球球，放在盤裡。鍋裡水燒開後，放入蒸六七分鐘，嘗嘗麵與菜都熟了就可以啦！
   *有朋友說，這不就是麵團疙瘩嘛，能好吃麼？蓧麵粉就是不用發酵也好吃，聞名天下的蓧麵魚魚兒，不就是形狀像小魚兒的麵疙瘩嘛。*

---

**編註**：網路流行語，起源於北京方言，有「開始」的意思。

190

10000 款素餃子做法，一篇文章講完可能嗎？

一直沒寫素餃子，因為搭配方法多到數不盡，我不知道寫哪個好。

終於，我總結了一個 3x3 法則，看完可以自創 10000 款素餃子。

### 【01】

**3 類不能用於素餃子餡的材料：**

1. 肉蛋奶（一切來自動物相關的）。那都不是素。

2. 含水量很高的。不好掌控。

3. 不愛吃的。當然，也有像我這種別有用心的人，盡揀娃不愛吃的拿來包餃子，因為餃子餡這娃不挑。

### 【02】

**3 種餃子調餡方法：**

1. 生的調好味直接包，可以用自己喜歡的任何調料（無添加劑和動物成分）。

2. 炒熟後再包。

3. 部分熟，部分生。

我喜歡第 1 種，反覆折騰食材，會讓我很心疼。但有 3 類可以先弄熟：

1. 不熟會有毒，比如豆角等。

2. 弄熟需時較長，比如板栗、乾豆等。

3. 需要焯水等工序去除不喜歡的味道，比如筍等。

### 【03】

**3 種弄熟餃子的方法：**

1. 蒸；2. 煮；3. 煎。

我喜歡蒸。好處是不論手藝多差，包到露餡都不怕，而且營養流失少。煮，很多營養掉湯裡了，如果連湯喝完那也行。煮餃子要點 3 次冷水？沒必要吧，蔬菜類很容易熟的。

煎，就算了吧，油多，還上火。

下面列出部分餃子餡的材料，按顏色分類，方便搭配出彩。品種不用貪多，三五樣搭配就很美味了。

## 【綠】

香椿、薺菜、馬頭蘭、茼蒿、小油菜、大白菜、娃娃菜、蘆筍、芹菜、青椒、菠菜、捲心菜、西葫蘆、豆角、黃瓜、綠花椰、香菜、青豌豆、茴香……

## 【紅】

胡蘿蔔、紅椒、甜菜根、紅豆、紅腰豆、花生……

## 【黃】

腐竹、黃椒、筍、玉米、老南瓜、馬鈴薯、板栗、黃花椰菜、茶樹菇、番薯、猴頭菇、鷹嘴豆、眉豆、核桃……

## 【白】

豆腐、豆腐乾、千張、金針菇、杏鮑菇、白玉菇、秀珍菇、口蘑、平菇、白蘿蔔、花椰菜、蓮藕、茭白筍、芋頭、淮山（山藥）、馬蹄、銀耳、竹笙、蓮子、白芝麻、白芸豆……

## 【黑／紫】

香菇、花菇、黑木耳、茄子、雞菌、紫菜、海帶、裙帶菜、紫薯、紫蘇、黑芝麻……

不能再寫下去了，只要想吃的都可以包進去。數學老師說，這搭配組合早就不止 10000 種了。

有了餃子餡，也就有了包子餡、燒賣餡。送上一款燒賣，給不能吃或不想吃麩質的朋友。

────────────── 食材 ──────────────

主角：鐵棍山藥、豆腐乾、胡蘿蔔、
　　　香菇。

客串：鹽。

圖片只看食材模樣，別參考數量。實際
上山藥要更多一些。不用擔心皮與餡的
數量比例，多出的都可以分別吃掉。

────────────── 看圖做菜 ──────────────

*1.* 山藥洗淨連皮切段，蒸鍋水開後，直接放在蒸格上蒸熟。

*2.* 用乾淨的鉋子刨去皮，用湯匙或壓泥器壓成泥。

*3.* 豆腐乾、胡蘿蔔、香菇全部切成細小的粒。鍋燒熱下少許
　　油（鍋不粘可省去油），倒入所有材料，加適量鹽炒熟。
　　喜歡鹹鮮點可以加少許醬油。

*4.* 取適量山藥泥搓成圓球，用拇指按壓中間成空心球，裝入
　　餡料。

*5.* 用虎口將其捏出一圈瓶頸，放在盤中進行整形，做成自己
　　滿意的高矮胖瘦。
　　選擇做燒賣，是因為可以名正言順地「露餡」啊！

*6.* 全部包好後，蒸鍋水開後放入蒸約 1 分鐘。不要蒸太久，
　　可能會容易散。
　　冷的食材重獲溫度，外皮更顯晶瑩美麗，恍惚憶起踏雪尋梅的
　　江南。

戒肉容易，戒糖太難

讓我們相約

放棄糖

去遇見更甜蜜的世界

# 山藥椰棗糕

人最難忘童年味道。對身處異鄉的人而言，那不僅僅是美食，更是安放鄉愁的載體。

可是走上健康軌道後，想以美食慰鄉情，卻變得不那麼容易了，我想這不只是我一個人的窘境。

我們無法重塑自己的童年味道，但我們可以為孩子們創造更好的童年味道。

讓我們今天多動一動手，待孩子們長大成人，承載思鄉之情和兒時回憶的，便是那數不盡的健康美食。

有了香甜的椰棗，做無糖甜點好簡單。

-------------------------------- 食材 --------------------------------

主角：鐵棍山藥、椰棗。

選擇較軟的椰棗，容易切碎。

-------------------------------- 看圖做菜 --------------------------------

*1.* 山藥洗淨泥，連皮切段，蒸鍋水開後，直接放在蒸格上蒸熟，筷子插進去軟了即可。刨去皮，用湯匙或壓泥器壓成泥。

*2.* 椰棗去核，切碎，稍剁幾下，變得有些泥狀感。

*3.* 找一個帶推片的方形慕斯模具，放盤中，往模具裡填一層山藥泥。重點是壓緊實，平整，邊角處不留空，工具是湯匙和手。

*4.* 填一層椰棗，要求同上一步。不要太厚，以免太甜。如果椰棗粘湯匙，將湯匙蘸些冷水。

*5.* 再填一層山藥，再一層椰棗，最後一層山藥。用推片幫助脫模。

*6.* 用刀切成方塊，手拿著吃。

梨汁銀耳羹

　　朋友老徐心事重重地問我：「咽喉腫痛好久了，心理壓力好大，吃純素能好嗎？那我要不要先吃好了再去看醫生？」面對一個正在憂心生死的人，我居然回了一個齜牙笑臉。我說快去看醫生，心理壓力會讓人生病的。

　　醫生檢查後，並不是自己擔憂的可怕結果，並建議多吃蔬果。老徐幾年前就能講出吃素的一堆好處，但他夫人堅決反對純素，於是他就在素與不素間搖擺。他說，最近本來都吃素來著，老婆逼著吃肉，結果喉嚨一直腫痛。我叫他7月1日全家來惠州（2018年7月1日，我們在惠州辦了一場素食論壇）。

　　第二天早上5點起床，看到老徐半夜發來的資訊：雖然我老婆之前說這是「洗腦」，但聽完講座自己主動要求吃素了！老婆的觀念決定了一家人的健康和命運，雖然改變晚了點，但總算改變了！要完全改變人的觀念，真是一個漫長的過程，再次真心感恩！

　　如果重建正確的觀念是一個甜美的果子，播種就是結果的必要條件。有的果子結得快，有的果子結得慢，但都值得我們去播種，去守候。

　　一場講座，一本書，一道好吃的菜，一個感人的故事，一次溫暖的轉發，都可以是一粒種子，會在你我不經意間，生根發芽，開花結果。

舀一湯匙，亮晶晶；嘗一口，甜到心。

---------- 食材 ----------

主角：銀耳半朵、紫薯、梨（選
　　　最甜的品種）。

---------- 看圖做菜 ----------

*1.* 銀耳撕成小小朵，摘去根部，清水泡發 2 小時。

*2.* 洗淨後加少量水（剛沒過銀耳即可），用壓力鍋煮，待
冒蒸汽後小火煮約 25 分鐘。用電壓力鍋、燜燒鍋也可
以，容易煮出膠。

*3.* 紫薯去皮切成小粒，放入銀耳鍋內（不用壓力閥），煮
開後小火煮熟，注意攪拌。

*4.* 煮紫薯時，將梨去皮去核切塊，用料理機打成梨汁。
視機器情況，儘量不加水，或加最少的水，水多了就
不甜了！

*5.* 待紫薯熟後關火，把梨汁倒進鍋攪勻，梨汁加多少就自
己把握啦！

*6.* 盛在漂亮的碗裡，盡享甜蜜。

蓮子百合芒果羹

200

我從不用糖，因為世界已足夠甜蜜。

······ 食材 ······

主角：芒果、鮮蓮子、鮮
　　　百合。

客串：枸杞子。

······ 看圖做菜 ······

*1.* 鮮蓮子對半切開，去芯，撕去外皮。

有人問我為什麼要去皮，突然覺得可能只是自己強迫症而已。

*2.* 待蒸鍋水開後，放入蓮子蒸熟，約需 15 分鐘。

*3.* 鮮百合切去根部，剝開，洗淨。

*4.* 芒果切開，用湯匙挖出果肉，連同一部分鮮百合，一些
蒸熟的蓮子，加少許潔淨能喝的水，用強馬力料理機打
至順滑，可添加水調整至滿意的稠度。

芒果占主要比例，蓮子百合少量，不然就成了蓮子糊，不是芒
果羹。

*5.* 將餘下的蓮子、百合、浸泡好的枸杞子平鋪於盤，倒入
芒果羹，若隱若現中，撩動著人的食欲。

## 香甜三色藜麥

　　娃突然講起一個老掉牙的故事，我小時候就聽過 N 次啦！然而發現，這故事可以消除人生許多煩惱，所以再講一次：

　　父子去趕集，開始是兒子騎驢，父親走路。遇到路人甲，說：「這孩子真不懂事！居然自己騎驢，讓長輩走路！」

　　他們覺得有道理，於是改成父親騎驢，兒子走路。遇到路人乙，說：「這當爹的真不懂事！居然自己騎驢，讓這麼小的孩子走路！」

　　他們又覺得有道理，於是兩人都騎上了驢，這下父慈子孝了吧。遇到路人丙，說：「這兩人真狠心！居然兩個人騎在這麼小的一頭驢身上！」

　　兩人一聽覺得很慚愧，別把驢給壓壞了，於是兩人都下來，牽著驢走。遇到路人丁，說：「這兩人真蠢！有驢不騎，牽著走。」

　　每個聽完故事的人都會哈哈大笑。不過轉而一想，你我又何曾沒有，多多少少如同這故事中的父子，因為別人的隨口一句，影響著自己的心情或是決定。有位朋友說，最近鬱悶了，因為幾個比自己年輕的女同事跟她講：「姐，你不能再這樣吃素了，你看你都老了好多……」

　　以後，這些路人甲乙丙丁的話，就一笑而過。笑一笑，十年少，怎麼可能老？

這個甜點直接當飯吃了。小朋友出遊外帶這款，好吃又方便。

---

食材

主角：三色藜麥、核桃、紅棗。

---

看圖做菜

*1.* 三色藜麥浸泡小半天出芽後，倒掉水淘洗，加適量水於
鍋中煮熟，十來分鐘即可。

*2.* 如鍋裡還有多的水，撈出藜麥瀝乾水。
如果早上趕著做，可提前一天泡好、洗淨、倒掉水，天熱放冰
箱，藜麥還會繼續長芽。

*3.* 核桃剝殼取肉，紅棗去核切小塊。

*4.* 用各種能磨粉打碎的機器磨碎。

*5.* 將核桃紅棗碎與藜麥混合均勻，甜而不膩，大碗吃。

# 栗子月餅

在喜歡你的人面前,你是個寶;在不喜歡你的人面前,你是根草。

某次戶外活動,進行著食物分享。一個小朋友興沖沖地拿了我做的雜糧饅頭(外形蠻可愛的),咬了一口,居然果斷地扔下了!明明我家娃很愛吃啊!

後來,被鄙視的次數多了,開始習慣了。特別是原味食物,遭受鄙視最嚴重。那不是食物不好吃,是味蕾被添加劑綁架了。

這是兩年多前寫的一段話。幸福的是,現在我看到越來越多的人,味蕾甦醒,愛上「淡中有真味」。

中秋節吃是月餅，過生日弄個大點的，就是蛋糕。

---

## 食材

主角：馬鈴薯、板栗、胡蘿蔔、豌豆。

客串：鹽（可選）、白胡椒（可選）。

---

## 看圖做菜

1. 板栗對半切塊，加少量水（沒過板栗即可），壓力鍋煮，冒蒸汽後小火煮約 15 分鐘，比吃整粒板栗煮得久了些，方便一會兒壓泥。

   如果是帶皮的板栗，放進開水裡煮幾秒鐘撈起，就可以輕鬆去除外皮。

2. 用擀麵杖或湯匙把板栗壓成泥，不用很細膩，可以有小塊。

   忽略圖中的保鮮膜，不環保，用乾淨的板和杖就可以了。當然，也可以用機器攪碎。

3. 馬鈴薯連皮切小塊，待蒸鍋水開後，直接放在蒸格上蒸熟，去皮，用湯匙壓成泥，與板栗泥混合均勻。

4. 胡蘿蔔切成小粒，和豌豆一起煮，可加些鹽入味，熟後瀝乾水。

5. 把胡蘿蔔豌豆和馬鈴薯板栗泥混合，依自己喜好，加鹽，現磨一些白胡椒粉，攪勻。

6. 把材料填進小慕斯圈，稍壓實，脫模就可以啦。

南瓜百合羹

「自此長裙當壚笑，為君洗手作羹湯。」話說，低脂全蔬食的廚房，沒有那麼多油漬和煙火，長裙飄飄在廚房，又何妨。

········· 食材 ·········

主角：南瓜、鮮百合、生南瓜子。

客串：白胡椒（可選）、肉桂粉（可
　　　選）。

········· 看圖做菜 ·········

*1.* 南瓜去皮和子，切薄片放盤中，蒸鍋水開後放入蒸熟，
　　幾分鐘就可以了。

*2.* 鮮百合切去根部，剝開，一片片洗淨。

*3.* 蒸熟的南瓜、一小把生南瓜子、部分鮮百合一起放入
　　強馬力料理機，加適量潔淨能喝的水，攪打至順滑。
　　攪拌時可先少量加水，再增加水調整至滿意的濃度。

*4.* 原味清甜的南瓜百合羹做好了，放上百合點綴。
　　我一時興起，磨了些白胡椒碎在上面，味道很特別。想像
　　用肉桂粉也會般配。

# 桂圓核桃湯

　　很多人說：「我體寒，不敢吃素。」可沒吃素，還是體寒。

　　體寒要吃什麼？溫性食材有哪些，我想大夥兒比我還清楚，不過需要關注的，並不只是吃。有些習慣可能就會造成體寒，比如：

　　愛琢磨心事，一件小事能想大半夜；晚睡晚起；老待空調房；整日不見陽光或怕曬黑；不愛運動也沒什麼體力勞動；動不動就吃藥打針；經常喝下火涼茶；吃冷飲……

　　就說穿衣服，也能列出一堆：大冷天不穿襪子，穿襪子還非得露腳踝；露肩的；露背的；露肚臍的；大冬天穿短裙的就不說了……

　　還有最重要一點：喜升陽，善升陽。所以自己要快樂，還要多助人為樂。

　　心暖了，身體也會暖的。

身邊有沒有「多喝熱水」型男生，喊他們來學幾款湯，知識就是力量！

食材

主角：桂圓、核桃、紅棗。

看圖做菜

*1.* 紅棗去核；桂圓去殼去核；核桃去殼取肉，保留分心木（核桃肉中間那層薄片）。

*2.* 所有材料放進鍋，加適量水，大火煮開後轉小火，煮幾分鐘至桂圓肉飽滿就可以了。

核桃分心木健脾固腎，對改善睡眠也有幫助。但有些核桃的分心木煮了會讓湯略帶一絲澀味，介意的請不要放入此湯，可另外泡茶喝或和五穀雜糧一起打成糊。

*3.* 陽光下享用，暖暖的。

# 紫米甜酒釀

　　朋友生了個素寶寶，說吃了我送去的紫米甜酒釀，奶多得寶寶吃不完。甜酒釀本是滋補佳品，把白糯米換為紫米，更是上上之品。

　　素寶的媽媽和奶奶都搶著說，寶寶作息規律，安寧好帶。才幾天大，奶奶說這娃能聽懂我說話呢！

　　媽媽說，寶寶出生 3.5 公斤重，比不是胎裡素的哥哥出生時體重只少 110 公克，可媽媽的體重，卻比生哥哥時足足少了 5 公斤！奶水也足夠，每次一漲奶，寶寶就哭著要吃奶，真是有默契呢！

一開始做食譜就定了規矩的，不用白米白麵，那至愛的甜酒釀怎麼辦？

---

### 食材

主角：紫米、甜酒曲。

紫米是有糯性的那種，我用的是墨江
紫米。

要做出又香又甜的酒釀，好的酒麴是
關鍵，我用的是湖北天門農家酒麴。
剛發現原來買的那家網店下架了。許
多傳統的東西，品質好價格低，沒多
少利潤啊。

---

### 看圖做菜

1. 取 500 公克紫米，用剛剛沒過米的水浸泡半天。

   品質好的紫米，我通常不淘洗。實在想洗，就輕輕淘一
   下，儘量少流失營養。泡米水不要多，不然一會兒用不
   完要倒掉浪費了。泡的過程中，如果發現水被吸乾了，
   可以再少量地添加水。

2. 泡好的紫米連同泡米的水一起放入電鍋煮熟。

   如水不夠，適量增加，略微沒過即可。米已泡過，不需
   要太多水。

   煮熟的飯要軟硬適中、顆粒分明最好。

3. 找一塊乾淨的板，把煮熟的飯薄薄地鋪在上面，待
   其冷卻。板不夠大，可以分幾次。

4. 取一顆酒麴（賣家會告訴你，一顆酒麴可以做多少
   米），用湯匙將酒麴壓碎成細粉。

5. 待米飯涼至與體溫差不多，用手將酒麴粉均勻地捻
   在米上。

   如米的溫度太高，會殺死活性成分，就做不成了。

6. 用鏟將米飯翻面，再均勻地捻上酒麴粉。然後攏成堆，拌勻，發現酒麴粉不夠的地方，再撒上。

7. 取一個保溫桶，洗淨，瀝乾水，把拌好的米飯裝入，用筷子在中間扒開一個洞，這兒就是蓄酒的地方——「酒窩」。如果有多的酒麴粉，可以撒進洞內。

8. 蓋好蓋子，找處地方安置起來。

　　保溫桶是我試驗過最方便的工具了，大約 2 天就可以做好。因為發酵過程中會發熱，保溫桶可以維持一定的熱度。如果用普通容器，夏天還行，冬天則要厚厚地包住保暖，即使這樣，也要等上好幾天才能吃。

　　試過用麵包機的「米酒」功能，第一次成功了，第二次，居然因為溫度太高，壞掉了。原來這機器受外界溫度的影響，不恆定（我只是說我那部機器哈），還是保溫桶可靠又實惠。

9. 每天打開觀察一下，看到酒窩裝滿了酒，並且甜香撲鼻，取乾淨的筷子挑些嘗嘗，如果很甜，就成功了！停止發酵，具體看後面的【保存】。

　　不夠甜就蓋好蓋繼續放著觀察。如果發酵過頭，則會產生酒味，變成酒了……記住，不要把放進嘴的筷子又再次取食，會汙染酒釀的。

## 【吃法 N 种】

1. 不怕甜可以直接吃，好的酒釀都是超級甜，要稀釋才好入口。最簡單是加入適量潔淨能喝的水，夏天直接攪勻開吃，冬天則加熱至適口的溫度就可以了！

2. 與喜歡的各樣材料煮在一起，如地瓜、淮山等。用少量水，將地瓜 / 淮山塊煮熟，再加入酒釀稍煮即可。

## 【保存】

酒釀達到理想的口感後，就要停止發酵，找一個乾淨的大容器，把酒釀裝進去，放入冰箱冷凍層保存，吃時用乾淨的湯匙挖一部分出來。一定要用乾淨湯匙，別往嘴裡吃了又來第二匙。我怎麼又提醒第二次了呢……

## 讀者故事

### 用蔬食傳遞愛

文／春暖花會開

　　有一次我到鄉鎮出差，到了用餐時間，我不想麻煩食堂的工友們為我單獨做素菜，也避免吃得太油膩，便要求自己下廚。走進廚房看到豆腐和香菇，我立馬想到了素愫仙廚那道百吃不厭的「豆腐碎碎念」。沒有胡蘿蔔和芫荽，我就地取材做了一版偷工減料的「豆腐碎碎念」。

　　平時很愛吃肉的會計小姑娘邊吃邊讚歎：「lin姐，你做的豆腐太好吃了。」我笑了：「你還沒吃到下足料的正版呢，那滋味，還得翻幾番，哈哈……」

　　我還給同事們做過素愫的無油月餅、山藥椰棗糕、糖粉香芋……小姑娘說，素菜和素點心做成像這樣，誰不愛吃素呀。她還說，現在她吃肉比以前少了。

　　素愫的食譜，用料和操作都極其簡單，但味道卻總是出人意料，讓人驚歎。比如白玉丸子、清蒸杏鮑菇、蓮藕眉豆湯、茄汁花椰菜、茄汁兒雙豆、金湯枸杞葉、老奶洋芋、金針菇澆芋頭、小扁豆燜蘿蔔絲（註）、茄汁小扁豆湯……只要願意試，一定會有驚喜。

　　素食後我總在琢磨，怎樣把素菜做得美味，讓家人朋友同事愛上素食。在網上找過不少食譜，要麼用料太考究，要麼做法複雜，或調料太多，尤其在親身體驗了低脂純素的好處後，越發感覺到素愫原創食譜的珍貴。

　　遇見素愫仙廚，緣於公眾號「非藥而癒」那篇〈誰用簡單粗暴，驚豔了時光〉。素愫美食的驚豔，大概源自於她簡潔的外表下，那顆盛滿愛的柔軟細膩的心吧。相遇未滿一年，卻感覺早已相識幾個世紀。感恩這場遇見，讓我不僅感受到愛的溫暖，更找到了傳遞愛的方式。

註：小扁豆燜蘿蔔絲是素愫的新食譜，未收錄於本書，可關注微信公眾號「素愫的廚房」。

## 芒果紫薯釀苦瓜

　　小時候聽媽媽說，苦瓜剛出現時，很多人吃第一口就吐了，真難吃！後來知道苦就是它的特點，還能清熱，大家就都愛上了苦瓜。

　　苦瓜還是一樣的苦，只是我們接受了它的「不一樣」。

　　幾年不見的朋友向我傾訴，她的兒子患上抽動症（妥瑞氏症）。幾年來，她帶著兒子跑遍醫院，各種藥物副作用，出入醫院的心理壓力，折磨著年幼的孩子，她自己也患上嚴重焦慮症，靠藥物才能入睡。

　　我說：「我不懂如何治療抽動症，但那真的是一種病嗎？還是我們不接納他的『不一樣』？長期吃藥和看醫生對孩子是身心傷害，或許無條件的愛和接納對他更有益。」

　　時隔一年多，收到朋友發來的資訊：

　　「愛也能治癒抽動症，你信嗎？我現在調整了心態，全心接納，不焦慮，不糾結，不再到處看醫生了。孩子挺開朗，越大越懂事，跟小朋友相處也好，只是有幾個特殊動作而已，也不影響他人。很多孩子長大慢慢也好了，希望我的孩子也越來越好。」朋友還介紹了一部電影《妥妥的幸福》，講述抽動症群體的真實故事。愛是最好的良方，他們都找到了幸福的方向。

把苦瓜做成甜點。生活就是如此，能接納苦，方懂得甜。

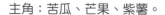

食材

主角：苦瓜、芒果、紫薯。

看圖做菜

*1.* 紫薯連皮切塊，待蒸鍋水開後，直接放在蒸格上，蒸熟。

*2.* 去皮，用湯匙壓成泥。

*3.* 苦瓜切成長段去瓤，開水焯一兩分鐘，過冷水變涼。

*4.* 芒果切開，用湯匙挖出果肉，和紫薯輪流填進苦瓜裡。

*5.* 填好的苦瓜可以放入冰箱冷凍十來分鐘，取出切片。
切時手稍用力捏緊苦瓜，可切出漂亮的圓片。

## 黑珍珠丸子

吃素以後，突然有了賣萌的天賦。

坐飛機不知道訂素食餐，我把午餐裡的肉全給了旁邊的男生。他不好意思白拿，把小點心、水果全給了我。搭訕成功，不知道的還以為我倆是情侶呢。

參加一個三天封閉培訓，開場自我介紹時，我說我吃素，於是大家都認識我了。每餐吃飯時，全桌的人都搶著幫我試菜：「快，這個是素的，你多吃。」這待遇跟皇上似的。

去參觀，接待方同事遞給我一瓶水。我說我不喝水，小帥哥很激動很委屈地說：「這水是素的呀！」

和一個非素食的朋友在景點遊玩，有大爺賣手工花生糖，我剛望了一眼，朋友馬上奔到攤前，問大爺：「您這裡面有奶嗎？」

大爺：「沒有奶。」

朋友：「有蛋嗎？」

大爺低頭做著糖，很認真地說：「只有花生和麥芽糖，別的都沒有。」

我笑出了聲，心裡有暖暖的感動。

忙裡偷閒做些小點心，孩子放學回家見了，必也會驚喜歡呼。

主角：鐵棍山藥、黑芝麻（生熟隨意）、葡萄乾。

1. 山藥洗淨，連皮切段，待蒸鍋水開後，直接放在蒸格上蒸熟。

2. 拿個乾淨的刨刀刨去皮，用湯匙或壓泥器壓成泥。

3. 黑芝麻與葡萄乾一起用研磨機打碎。

   黑芝麻要磨碎了才好消化。比例隨意，黑芝麻占多點，打出來比自己想要的甜度還甜一點，就行了，因為一會兒和山藥混合甜度會降低。不滿意就再增加黑芝麻或葡萄乾接著打，調整甜度。

4. 將黑芝麻碎與山藥泥混合，做成想要的形狀。

   我弄了個最簡單的：小丸子。隨手取幾枚水果裝飾，也感覺在吃貢品了。

# 濃情蜜意白芸豆

　　我有兩個好友，一個女生，一個男生。我們三人常在一起聊家國天下事，修心共勉。

　　有天我說，如果我對家人朋友惡言惡行，就罰自己吃肉，因為這是我能想到的最重的懲罰。後來每每我要發火時，想到被罰吃肉的恐怖，就把火控制住了。

　　有一陣，我娃連續幾天都不好好吃飯，後來才知道，是有人給他零用錢買了許多垃圾零食，當時氣炸了！使用中國語言劇烈地表達了我的憤怒！

　　回過神來，我跟他們說：「有人要傷害我娃，我去拼命了，這算犯規嗎？我上哪去弄肉吃？」

　　女生說：「杏鮑菇，杏鮑菇是肉。」

　　男生說：「當然不算啊！你這是正當防衛！」

　　眼淚一下就出來了。總會有比發火更好的處理方式。常有人問，我吃素，怎麼臉色不見好？若不是還在吃「假素」，臉色問題，除了吃對，修心為上。

聽說，和喜歡的人在一起時，特別愛吃甜，真的嗎？

---------------------------------------- **食材** ----------------------------------------

主角：白芸豆、帶殼桂圓。

---------------------------------------- **看圖做菜** ----------------------------------------

*1.* 泡豆。有時間就泡半天／一天，沒時間就泡一兩個小時，也可以的。

*2.* 用電壓力鍋的豆類檔煮熟。或壓力鍋煮至冒蒸氣，轉小火煮約 20 分鐘。豆子飽滿，表面光滑，裡面熟透，才可安心食用。

*3.* 桂圓剝殼去核，取大部分的桂圓肉，加適量水用料理機打成汁，放進鍋。將豆子與餘下的幾粒桂圓肉倒入同煮，水開後小火煮幾分鐘，至桂圓肉飽滿即可。

*4.* 依自己喜好，多留湯汁，或少湯濃稠。
別再問要不要加糖啦，桂圓要是放多點，能甜到說不出話來。怕甜的少放些桂圓。

# 紫米戀歌

用這個甜點，我把一個小娃給征服了。而在此前，小姑娘只看得上一家五星級酒店的甜品。

不僅是因為這款甜點很好吃，關鍵是我告訴她：酒店的甜點人人都吃得到，這款甜點，只有你一個人嘗到。

自己動手，就是這麼有底氣。

來點兒造型，哄小朋友吃飯特別管用。

────────────── 食材 ──────────────

主角：紫米、去芯乾白蓮子、椰棗。

注意是有糯性的紫米，我比較喜歡墨江紫米。

────────────── 看圖做菜 ──────────────

1. 紫米我通常不洗，用潔淨的水浸泡。水不能多，剛沒過米就行，不然一會兒得倒掉，浪費營養。泡一會兒如果發現水被吸完，可再加少許水，並翻動一下，直至米粒們都喝飽水，大約半天就差不多了。

2. 將泡好的米和泡米的水準鋪在盤中，待蒸鍋水開後，放入蒸熟。如果之前水放多了，就得弄點出來，免得一會兒飯太濕了。中途可以翻動，大約十多分鐘就蒸熟了。如果做的量多，也可以用電鍋煮熟。

3. 乾蓮子不用浸泡，加少許水用壓力鍋煮熟，待冒蒸汽後轉小火煮三四分鐘即可。煮久蓮子太軟爛，不成形了！

4. 椰棗數顆去核，儘量切碎，與紫米飯拌勻。椰棗很甜，不需要太多。

   墨江紫米的清香，搭配椰棗獨特的甜蜜，這感覺只有吃過才懂。

5. 手用冷水打濕，取一匙紫米飯輕捏成球，用筷子在中間撥一個淺洞，放入一顆蓮子。如有裂開部分，用手修復好。一旦感覺粘手，就再用冷水打濕手。

6. 做好擺上盤，在剛才的蒸鍋裡蒸半分鐘，蒸熱即可。

   吃時整顆夾起，全部放進嘴裡，慢慢嚼之，紫米椰棗蓮子漸漸融合，這味道便傾國傾城了。

222

本打算做甜菜根版的「藍莓山藥」，但發現山藥泥要打得很細膩，還要折騰擠花袋，不如簡單做個梅花糕，然後把自己坐端莊，小口品嘗，可以覺得自己是王妃了。

---------------------------------------------- 食材 ----------------------------------------------

主角：鐵棍山藥、香蕉或粉蕉、甜菜根。

選擇成熟的香蕉，甜而不澀，不要嫌棄表皮長滿黑點，尤其在冬天，那些可能正好熟透。但若在南方的酷暑天，黑馬王子可能熟過頭，英俊帥氣的或許剛剛好。

---------------------------------------------- 看圖做菜 ----------------------------------------------

*1.* 山藥洗淨連皮切段，蒸鍋水開後直接放在蒸格上蒸熟，特別粗的部分可從中切開。

*2.* 用乾淨的鉋子刨去皮，用湯匙或壓泥器壓成泥。

*3.* 一小塊甜菜根，去皮切小。兩根香蕉去皮。

*4.* 把香蕉和甜菜根放入料理機，加最少的潔淨能喝的水（只要機器能打得動即可，我加了一小匙水）打成泥，越稠越好。
打好後嘗一口：「哇，好甜！」就對了。

*5.* 舀少許果泥，把一小部分山藥泥拌成紅色。果泥不要多，以免太濕。用不完的果泥可以吃了，或者加水再攪拌下變成果昔。

*6.* 用一個小月餅模具（忘記拍圖，網上有售），填入紅白兩色材料。白色部分不易粘模具，所以先填一些白色較好。做成自己喜歡的畫風，每個都可以不一樣呢。
山藥泥和果泥融合，味道小清新，色彩少女心，吃起來真好像在踏雪尋梅……

# 愛你 100 分・小糖果

　　這是我做的第 100 道食譜，原想取名「狀元糖」，因為還有幾天就高考了。

　　轉念一想，狀元只有一個，可是幸福人人都該擁有。

　　比考 100 分更值得歡喜的是，有人愛你 100 分。

　　正好是兒童節，這款糖果送給我娃，和天下所有的寶貝。我愛你，100 分。

一分鐘做出無糖小糖果。

---

食材

主角：椰棗、脫殼火麻仁。

椰棗選軟一點的，容易打碎。
火麻仁也是 ω-3 脂肪酸的來
源，可以直接放嘴裡吃，加水
攪拌便是奶昔，加椰棗一起攪
拌便是甜奶昔。

---

看圖做菜

1. 椰棗去核，掰或切小塊（圖中的太大塊，有點費機
   器），與火麻仁一起放入研磨機。比例隨意，可大
   致用 1：1，依自己對甜度的要求作調整。

2. 開動機器，磨碎。沒有機器，用手切碎也可以的。

3. 可以再添加一些火麻仁，開動機器打幾秒鐘，這樣
   裡面會有一些稍大的火麻仁顆粒。

4. 把磨好的混合物捏成喜歡的形狀，在火麻仁碗裡滾
   一下，讓表面粘上一些火麻仁，甜蜜蜜的無糖小糖
   果就做好了。

   參考前一道甜品「踏雪尋梅」，用山藥泥作皮兒，小糖
   果作餡兒，就是純素、無油、無糖、無添加的冰皮月餅啦。

# 我有一隻雞，價值 8000 萬

　　春節時鄰居從鄉下帶了隻母雞送給我，說初一不可殺生，妳養兩天再吃。這雞便成了我娃和小表哥的玩伴。

　　過了兩日，兩個孩子跑過來告訴我：「太神奇啦！雞聽得懂我們的話呢，妳過來看！每次只要我們說『來吃好吃的！』她就高高興興地跑過來。如果我們說：『我要吃掉你！』她就嚇得逃走。」

　　他們還用紙箱給雞做了一個窩，但是家裡顯然並非雞久留之地，開始有人提議，是時候把它吃掉了。這時我娃站出來反對：「不許吃！」

　　氣氛變得有些神祕。大家都知道某些事在發生，雖然滿屋雞屎味難忍，但又不好強迫一個孩子，於是齊齊把目光投向了我。我也拿不出解決方案，但那一刻我知道，我不能下令殺了孩子們的玩伴。

　　大家又容忍了幾天雞屎味。終於，娃的外婆向外孫提出，要不我出錢，買你這隻雞？不料小外孫拒絕了外婆開出的高價。外婆採取提價政策，可一直提到了幾十萬，雞的主人也不肯賣。

　　難道小屁孩對幾十萬沒概念？有人告訴他，可以買兩輛你喜歡的奧迪車了。那時他正迷戀奧迪車，這個誘惑讓他眼裡閃過一絲興奮，但是顯然雞更重要。

　　最後，買家讓他自己開個價。他稍作思考，開出了 8000 萬的天價。外婆爽快同意（不知您打算怎麼兌現哪）。大家正要鬆口氣，雞主人又補了一句：「但是妳買去不可以吃她。」

　　事情再度陷入僵局。我突然急中生智，想到一個朋友有一處大的田地，自己也散養著些雞，我建議把雞送去田園，大家都贊同。趕緊給朋友打電話，人家親自開著車來，把雞護送去田園，我並交代：「這雞你養著，但你不能吃。」

後來，娃總念叨要去看望雞，我都找各種藉口推辭。因為我心裡沒底，雞是否還安好？朋友是交代過了，但一起做事的夥伴負責養雞改善伙食，我總不好連人家的夥伴都去指揮？再說雞那麼多，誰還能認住哪隻是咱家的？

又到一年春節，朋友請我們去田園做客。一到目的地，娃就奔著去找雞，在田邊一大群雞中，我一眼就認出了那隻母雞：因為只有她最老，而且胖得快走不動了。

那一刻，萬千感動。一句託付，有人為你默默堅守。就在那個春天，我們開始吃素了。以後，再也不用把這隻雞，和那隻雞分別對待了。

# 讀者故事 1

## 讓人搶著吃的美味

文／璧姑娘

我的老伴曾患痛風，通過吃純素，調理恢復健康後，也不敢再吃動物性食物了。事實上，他每次吃葷菜後，因痛風引起的腳趾痛就發作。

但是他嘴饞啊，想吃肉，我就給他做「肉片／肉末燒豆腐」「肉絲炒蒜薹」等。這裡的「肉片」和「肉絲」，是我受素愫的食譜「蓧麵蔬菜球」的啟發，把蓧麵燙好揉成團後，切成片或絲狀。「肉末」則是香菇末，也是素愫的「豆腐碎碎念」給我的靈感。

開始幾次，他說這肉不太像肉呢。我問，好吃嗎？他說好吃。那就行了嘛。吃過幾次後，我就告訴他是用什麼食材做的，他就會主動點菜說：「今天吃蓧麵燒豆腐吧，今天做蓧麵炒蒜薹吧......」

為儘量少吃油，我多用「蒸」和「煮」，而少使用我們以前習慣的「炒」。家鄉有諺語說：「菜是草，油鹽是寶。」比如茄子，我們要用大量的油炒，餐館更是把茄子扔進油鍋炸熟。我老伴總是說：「茄子不放油是不能吃的。」不是不好吃，是不能吃！

可我在「素愫的廚房」中學到的粉蒸茄子，一滴油也不放，老伴卻吃得歡天喜地。

第二天他說，今天再做昨天那樣的茄子，太好吃了。第三天他又說，再做昨天那樣的茄子。我告訴他，茄子不是炒的，是蒸的，而且一點油都沒放哦。他說，不管放油不放油，好吃就行！

我的祕訣是，在餐桌上不要過早介紹菜品的食材或烹飪方法，不然像我老伴這樣很難接受新觀念的人，就會強烈抗拒。

等他們接受咱的菜品後，再揭謎底不遲。當家人完全接受咱的烹飪理念後，就不用再遮遮掩掩，躲躲閃閃了。

有一天我買到了平日少見的藜蒿，在「素憷的廚房」裡搜做法，找到「青蔥歲月」，讀到食譜中的一段文字：「入口瞬間，想到一個詞：完美戀人。」

　　我心想，素憷這是喬太守亂點鴛鴦譜，藜蒿和金針菇這兩樣食材，我怎麼也聯繫不到一起！

　　但想到之前照食譜做的菜都特別好吃，正好也買了金針菇，我就照著做了。當我嚐到第一口時，真想說，素憷就是五星級紅娘，它倆太配了！我和老伴搶著吃，就差舔盤子了。

　　前幾天我和老伴在外旅遊時，一位同行的朋友說：「還是你們活得境界高啊，我幾年前就知道吃素的好處了，就是自己嘴饞，現在還是雜食。」

　　其實只要我們稍用心思，素食做好了，可比葷菜好吃多了！我和老伴都七十多歲，低脂素食兩年多來，身體越來越好，以前我倆都有高血壓，現在也恢復正常了。有天翻看照片，發現低脂素食後拍的照片比之前拍的看上去要年輕許多，大夥都說我們是在逆生長。

　　健康就是福。

# 全蔬食讓慢性病不藥而癒

看到素愫老師的讀者故事召集令，我想我必須力挺一下素愫大廚。沒有素愫的廚房，我可能會在吃素的路上徘徊更久。

生在海邊、長在海邊、多年來吃慣海鮮的我，從沒想過自己會成為素食者。在我們這兒，除了出家師父，再就是一些信佛的老人家會吃素，年輕人吃素的少之又少。而且那些吃素的人之中，肥胖的、慢性病的大有人在。前不久，我認識的一位吃素老人，還因心臟病住院了，所以在我的印象中，吃素除了信仰就是自己找罪。

直到三個月前的一天，一位至親發來微信告訴我，她吃素了，還發來徐嘉博士的公眾號「非藥而癒」的連結，讓我也學學。我的第一個反應是：她會營養不良的。於是多次告誡她，不要拿自己的身體開玩笑，可是她根本就沒有理會我的勸告，最後她不理我了。

出於對那孩子的信任，我抱著懷疑的心態認真看了她發來的連結。因為我自己是高血壓，先生是糖寶（「非藥而癒」裡對糖尿病人的暱稱），多年來我們也很注重飲食，之前也用雜糧代替精白米麵，幫助控制住了先生的血糖，所以我對博士文章中的觀點是認同的，但是要我們不吃海鮮不吃魚，難哪！怎麼可能！

意識裡的兩個觀念在吵架，按博士說的低脂全蔬食的科學素食，吃還是不吃，吃的話又該怎麼吃呢？徘徊之中，素愫大廚幫了大忙。我學的第一個素菜是番茄鷹嘴豆，一次成功，先生也跟我搶著吃。這之前我還不認識什麼是鷹嘴豆。

從此一發不可收拾，我把素愫的廚房翻了個遍。我還改造素愫的食譜，

比如在番茄鷹嘴豆里加進金針菇，一試，好吃得不得了。素愫大廚說得沒錯：她給的食譜是一張白紙，我們自己在上面做創作。

體驗到了素食的美味，一個月前的 24 號，我決定全蔬食，一心一意跟著徐嘉博士和素愫大廚將科學素食進行到底。低脂素食、常喝蔬果昔，給了我們許多驚喜。就連還沒做到完全純素的先生，吃藥一年多也降不下來的肌酸酐，居然降下來了。省城的腎病權威醫生曾告訴我們，慢性腎病特別是糖寶的併發症是好不了的，隨著年齡的增加，腎功能會越來越差。沒想到改變飲食一個來月，肌酸酐就回到正常值之內。

擔心尿酸高，先生以前不敢吃豆類和菌類。在我開始嘗試素食的一個月中，我吃豆，糖寶跟著吃，我吃菌類，糖寶搶著吃，沒想到檢查結果出來，尿酸居然並沒有高起來，都在正常範圍之內。這再次驗證了徐嘉博士的話：「豆類給尿酸高背黑鍋了，真正要避免的是動物性食物。」以前我的胃怕受寒，如果這大冬天的出去運動，每次都要用衣服或手捂著胃，胃熱全身好，胃要是冷了，那就痛、脹氣，但是現在，如果運動熱了我也可以敞開衣襟，任由冷風吹，胃也不痛不脹氣了。剛剛科學吃素一個月零幾天的我，突然發現，以前頭髮很容易油膩，頭會發癢，即使冬天也兩天必洗一次頭，現在過去了幾天也沒感覺油膩和頭癢，真是驚喜！

現在我自己也能創造許多低脂全蔬食的美味。祝願更多的人非藥而癒！

# 展開無油烹飪的健康素食生活

2012 年看了「素食拯救地球」的相關資料後，為了子孫後代能有一個乾淨的地球，我開始吃素。媽媽和我同住，我做什麼她也就吃什麼。

2014 年底，媽媽因為冠心病安了一個支架，她對素食產生了懷疑：我都沒有吃肉了，怎麼還是得了冠心病？之後，聽了其他好心人的建議：素食沒有營養，要吃肉。她也間隔著買點肉自己做著吃。

2018 年，困擾媽媽多年的股骨頭壞死造成的疼痛使她下定決心，去醫院做髖關節置換手術。媽媽住院期間，我偶然遇見公眾號「非藥而癒」，看了相關文章才知道，我們吃的是不健康的「假素」：我們有吃蛋，也吃鍋邊素，做菜通常是油炒，主食是精加工的白米白麵，因為怕寒涼和農藥，幾乎不怎麼吃水果。

想到住在醫院的媽媽，要是吃進醫院超多油做的油膩飲食，真怕把她吃出個好歹來。於是我買來生態五色糙米等安全食材，決定為媽媽準備低脂高纖飲食。但因之前慣用菜籽油炒菜，對於無油或者少油的菜品怎麼做，我完全無從下手。

好在有素愫，來到她的廚房，就著家裡已有的食材，細細查找適合的菜品，就是它：豆腐碎碎念。食譜圖文並茂，直觀易學。照著做下來一看：顏值高；再品嘗：味道好，這下就等媽媽品鑒了。

我收拾了飯盒，拿上生菜沙拉、豆腐碎碎念、五色糙米飯急忙往醫院趕，看著媽媽把一碟子的豆腐碎碎念都吃完了，我知道這菜成功了！

豆腐碎碎念是一個里程碑，開啟了我無油少油烹飪的健康素食生活！

# 讀者故事 4

## 素食也能吃得奢華又健康

文 / 神馬

初識「素愫的廚房」是在 2018 年 6 月，那段極其黑暗的日子裡。我正因焦慮休假在鄉下，並照顧因摔倒臥床的老父親。長期的咽炎導致喉嚨腫痛，我只能喝蔬果汁和吃水煮菜。我的水煮菜看著真沒食欲，所以人瘦得不行。

為了能多吃下點飯，我總是一邊吃一邊看手機。偶然，正無聊地翻看朋友圈，看到了「茄汁兒雙豆」，點進去，圖片看著美豔誘人，好有食欲；文章筆法清新自然，故事有趣還充滿愛的韻味；關鍵是她的菜做法好簡單，適合我這樣的簡單人士。

在這裡看到了素愫老師，一個會做美食，會寫美文，會拍美照，會做美篇，會發現美的美女！而且，有一百多個食譜呢！正是我急需要的。我如獲至寶，放下筷子，不顧沒有 Wifi，拿了個作業本就一個一個抄寫起來。

那幾天，我一有空就照著手機抄寫食譜，愣是四天用完手機一個月的流量，寫滿了一個作業本，把一百多道菜全抄完了。照著做，我居然也能做出色香味俱全的素菜。

中秋還受素愫月餅的啟發，自己創作了馬鈴薯泥栗子月餅和紅薯棗泥餡月餅，看著美美的，吃著甜甜的，在同事面前小小地炫了一下。

真的非常感謝素愫帶給我那麼多簡單又漂亮的美食，讓我這個久已看不到美的人也能有心情做美食。素愫告訴您，吃素也能在簡單中吃出奢華的感覺，吃出健康的身體。

畢竟，吃素不是目的，愛和健康才是。感恩有您！

# 只能說：「太好吃了！」

　　照著素愫食譜學做的第一道菜是「田園芋艿」（註），只有芋艿、胡蘿蔔、豌豆三樣材料，無鹽無油，用壓力鍋速成。

　　我在做之前心裡就犯嘀咕，雖然吧，我現在開始吃低脂素食，吃得比較清淡，但我認為既然你是個菜，多少得放點鹽吧！作為一鍋燉菜，得講究細火慢燉，你用壓力鍋這麼幾分鐘速成，還沒油沒有一點葷，能好吃嗎？

　　等到芋艿胡蘿蔔燉好，開鍋再把豌豆放進去，哎喲，顏色美得不得了。對於我這種屬於「外貌協會」的吃貨，立馬就盛了一碗出來拍照。拍完就嘗嘗唄，一嘗就被徹底征服：太好吃了，簡直不敢相信不放油鹽的菜原來可以這麼好吃。

　　剛好一起做的粉蒸茄子豆角也好了，一吃真的是超乎想像的好吃。最後你猜怎麼著，我直接站在灶邊盛了一碗糙米雜糧飯，就著兩個菜全程站在廚房裡，就把一頓飯給解決了。這是我唯一一次做好飯沒有等家人回來一起吃，解釋就是：「對不起，今天學做了兩個新菜，太好吃了，我沒控制住自己就先吃了。」

　　從此以後買菜前先看素愫的食譜，雖然買的食材跟以前差不多，但家裡餐桌上的菜品明顯比以前豐富多了，而且最關鍵是更少（無）油了，更健康了。

　　謝謝素愫的分享。

---

註：田園芋艿是素愫的新食譜，未收錄於本書，可關注微信公眾號「素愫的廚房」。

# 讀者故事 6

## 造福素媽媽和素寶寶的食譜

文／素寶寶媽 Ivy

　　為了養育胎裡素寶寶，我這個對廚房事務一竅不通的素媽媽，辭了職，到處求學素食烹飪，也去圖書館搬大部頭的食譜書來照模畫樣，可是繁多的食材和複雜的工序，並沒有減輕素寶寶餵養路上的焦慮。

　　直到，遇見了「素愫的廚房」，低脂純素烹飪一下子變得和藹可親：兩三種食材加以簡單的處理，竟都碰撞出豐富的美味；隨意一道菜都可以變幻作寶寶的副食品。素寶寶和素媽媽再也不會因為媽媽的手足無措而餓肚子啦！

　　感恩遇到「素愫的廚房」，感恩素愫這每一道走心的佳餚！

# 讀者故事 7

## 最佳的素食食譜靈感來源

文／妙元

　　看到素愫撰寫的素食食譜，想到自己食素二十多年，都沒如此用心詳細記錄。雖然關注「素愫的廚房」才一個月，可每當想不到做什麼菜時，就會翻看一下裡面的菜單，真的超級感恩。

　　分享一下我學做的第一道菜，還加了一些自己的創新：粉蒸白蘿蔔絲。我在蘿蔔絲下面鋪了一層新鮮陳皮，大家吃著感覺非常美味。

　　白蘿蔔：《本草綱目》稱之為「蔬中最有利者」，能治食積腹脹、消化不良，且含有多種維生素；陳皮：其味清香，能提神、健胃、理氣化痰；小米（麵）：味甘鹹，清熱解渴、健胃除濕、和胃安眠，富含維生素 B 群。

　　冬吃蘿蔔賽人參，這個季節正適合。感恩素愫提供的詳細料理方法。

# 讀者故事 8

## 充滿愛的快樂美味

文 / 張禾

　　我是一名在校大二女生。我喜歡「素愫的廚房」從一款鳳梨糙米飯開始。每當學習壓力大時，我就會下廚鼓搗。那天看到了這個食譜，一下子心動了！我跑去菜市場挑選了新鮮的鳳梨，保留頂花，耐心地把菠蘿丁和黑糯米拌在一起（我只有黑糯米啦）。這道菜做出來樣子好看，黑糯米和鳳梨拌起來酸酸甜甜。好朋友看見我發的朋友圈，微信連連問我：「你在宿舍嗎？我想吃，我上樓找你！」

　　這學期我又和朋友一起做純素版蟹黃豆腐。我們一步一步照著素愫的食譜做，做好後品嘗第一口時，朋友說：「我的天，這也太好吃了！我沒想到我做得這麼好！」我笑說：「這是食物本來的味道！食物的本味最好吃。」朋友的媽咪看到她做的菜，直說要她回去做給媽咪吃。哈哈，希望這道有愛的純素版蟹黃豆腐，能夠讓朋友的媽媽也嘗到一種簡單快樂的美味。

# 體會食物與身體的連結

與吃素幾年甚至十幾二十年的人相比，我這個素齡只有八個月的就是個一年級新生。然而有幸的是，直接從低脂純素起步的我，一點彎路都沒走。

我的蔬食生活從「素愫的廚房」開始入門，那一陣子我每天必看素愫的食譜，業餘時間都貓在廚房裡，嘗試各種菜，當然，有成功有失敗。有一次，我偶然試了清純萵筍湯，沒有放任何調味料包括鹽，喝了一口，真是從來沒有嘗到過的清鮮滋味啊！一瞬間，我似乎突然明白了什麼。

我的做菜風格也趨於簡單粗獷，經常蔬菜一鍋燴。五顏六色的蔬食，只要你不過度折騰，都會呈現自然的色彩和本真的味道。

後來我又開始嘗試生食各種蔬菜，各種我從未想過生吃的菜都有各自的滋味，或甜或鹹。我經常邊吃邊感歎，這幾十年是白活了嗎？以往我們天天熱鍋熱油的，嘗到都是各種調味料的味道。我們的烹飪方式阻礙了我們與食物之間的連接。回想起來，吃素最大的收穫就是，我第一次有意識地建立起了食物與身體的連接。

曾聽到有人問素愫，你的食譜適合小孩子吃嗎？素愫說，小孩子哪用這麼麻煩，簡單弄熟他們就喜歡，我的食譜都是哄大人的。

一個自己吃生食和簡單一鍋熟的人，卻整天研究花式食譜，這算什麼呢？是佛所說的慈悲心嗎？我沒有問過她。

有一位老師說過：「如果有一天不需要我們推廣素食了，那就是最好的時代。」

感謝所有像素愫這樣平凡而有慈悲心的人，為那個即將到來的時代做出的付出。願最好的時代早一天來臨。

## 讀者故事 10
### 讓原味食材驚豔你的味蕾

文 / 返璞歸真

　　我吃素已有六年。隨著吃素時間日久，身體越來越淨化，口味越來越清淡，味覺要求也越來越追求原汁原味，吃了添加劑太多的食品馬上會有反應，如舌根發麻，嘴巴異味，乾渴難受需要大量喝水。

　　曾經我懷疑我的身體是不是有問題？我的舌頭是不是跟別人不一樣？直到遇見「素愫的廚房」，素愫無油、無糖、無添加的烹飪理念給我帶來全新的感受。嘗試了素愫廚房的幾款菜式以後，驚豔了。有些時候連鹽都是多餘的，那種原汁原味的由食材本身所發出的美味，驚豔到了我的味蕾。感恩素愫的廚房！感恩素愫！

## 讀者故事 11
### 簡單、純粹、美好、暖心

文 / 楊爽

　　自從結緣素愫的廚房，感覺像是打開了素食的新大門，簡單的食材、更少的調料，做出來的菜竟然可以如此美味。

　　比如不加任何調料的蓮藕板栗黑豆湯（註），單憑食材本來的味道就很好吃了；只加了少許鹽的白玉丸子，簡直不要太好吃，杏鮑菇的 Q 彈和豆乾的軟香簡直在口腔裡爆炸了，好吃到哭；還有茄汁兒雙豆，粉粉的鷹嘴豆和嫩嫩的青豆，在番茄汁的渲染下顯得更粉嫩了，口感更好了，讓人欲罷不能；還有很多很多……

素愫創造的食譜簡單、純粹、美好，讓人心裡暖暖噠。每次看您食譜裡的故事，都會有一種感動，感動於您感情的細膩，感動於您對於美食的重新定義，想必您一定是個可愛的人兒。

## 讀者故事 12
# 一吃難忘的蔬食佳餚

文 / 袁苗苗

感恩素愫女神的大愛，百忙之中幫我們添了這麼多健康美味佳餚。經常有人被掰素之後問我：「那吃素都有什麼可吃的呢？」我說：「除了豬牛羊雞鴨鵝魚蝦蛋奶這幾樣東西，我們還有千百種糧食蔬菜水果可以吃啊！」

家裡救助了幾十隻流浪小動物，愛人不僅不反對，自己也往家裡撿。每月毛孩子們吃飯就要幾千元，還有外面餵養的流浪貓，時不時給它們絕育看病，為此他更加努力工作賺錢。

他愛喝咖啡和茶，素愫女神的一道紫花豆昔（註）驚豔了時光，悠悠的咖啡香味，不刺激神經還補充豐富營養，醇厚香甜又不膩的口感讓人一品難忘。感恩您的付出！掰素要想長久，必須關注您的公眾號好好學習！

---

註：蓮藕板栗黑豆湯和紫花豆昔是素愫的新食譜，未收錄於本書，可關注微信公眾號「素愫的廚房」。

Family 健康飲食 48

# 101 道低脂美味全蔬食

作　　者／素懷
選　　書／林小鈴
責任編輯／潘玉女

行銷經理／王維君
業務經理／羅越華
總 編 輯／林小鈴
發 行 人／何飛鵬
出　　版／原水文化
　　　　　台北市民生東路二段 141 號 8 樓
　　　　　電話：（02）2500-7008　　傳真：（02）2502-7676
　　　　　E-mail：H2O@cite.com.tw　部落格：http://citeh2o.pixnet.net/blog/
發　　行／英屬蓋曼群島商家庭傳媒股份有限公司城邦分公司
　　　　　台北市中山區民生東路二段 141 號 11 樓
　　　　　書虫客服服務專線：02-25007718；25007719
　　　　　24 小時傳真專線：02-25001990；25001991
　　　　　服務時間：週一至週五上午 09:30 ～ 12:00；下午 13:30 ～ 17:00
　　　　　讀者服務信箱：service@readingclub.com.tw
劃撥帳號／19863813；戶名：書虫股份有限公司
香港發行／城邦（香港）出版集團有限公司
　　　　　香港灣仔駱克道 193 號東超商業中心 1 樓
　　　　　電話：(852)2508-6231　傳真：(852)2578-9337
　　　　　電郵：hkcite@biznetvigator.com
馬新發行／城邦（馬新）出版集團
　　　　　41, Jalan Radin Anum, Bandar Baru Sri Petaling,
　　　　　57000 Kuala Lumpur, Malaysia.
　　　　　電話：(603) 90578822　傳真：(603) 90576622
　　　　　電郵：cite@cite.com.my

封面設計／李京蓉
內頁完稿／李京蓉
製版印刷／科億資訊有限公司
初　　版／2019 年 9 月 3 日
定　　價／400 元

國家圖書館出版品預行編目 (CIP) 資料

101 道低脂美味全蔬食 / 素懷著 . -- 初版 . --
臺北市：原水文化出版：家庭傳媒城邦分
公司發行 , 2019.09
　面；　公分 (Family 健康飲食 ;48)
ISBN 978-986-97735-5-3( 平裝 )

1. 素食食譜

427.31　　　　　　　　　　　　108013580